심령과학 시리즈 17

자살자가 본 사후세계

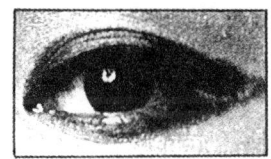

中岡俊哉 / 저
안 동 민 / 역

瑞音出版社

머 리 말

〈봄에 경응대(慶應大)에 진학하는 명문(名門)여고의 여학생이 신간선(新幹線)에 뛰어들어 자살하다!〉
〈더이상 학교 가기 싫어, 괴롭힘 때문에 중1 여학생 목을 매다.〉
매일 같이 신문에는 이와 같은 사람들을 아연실색케 하는 자살 기사가 실려 있다.
왜 자살 사건은 늘어만 갈 뿐, 줄어들지는 않는 것일까?
1993년은 3만 5천건 가까운 자살 사건이 일어나고 있다고 한다. 이 숫자는 해마다 늘어만 가는 교통사고 사망자 보다도 훨씬 많은 것이다.
어째서 귀한 생명을 간단히 스스로 끊어 버리는 걸까?
자살을 하는 사람에게는 각각 나름대로의 동기와 원인이 있을 것이리라. 하지만, 죽은 사람에게 채찍질 하는 것 같아서 마음이 괴로우나 굳이 죽음이라는 수단을 택하지 않아도 될만한 동기와 원인을 가진 사람이 많은 것도 사실이다.
'죽음'으로 문제는 해결되지 않는다.
이번에 필자가 이 책을 쓴 목적은 거기에 있다.
"죽어 버리면, 모든게 사라져 버리니까……"
이렇게 생각하고 현실의 혹독한 고뇌에서 도망쳐 버리려

고 생각한 끝에 저지른 행위인 것이다.

필자는 자살로 인한 도피는 '도피'가 되지 않는다는 것을 심령적인 입장에서 단언하고저 한다.

"자살은 비겁하다! 스스로 목숨을 끊어서는 안된다!"

온갖 사람들이 각자의 입장에서 외치고 있다. 필자도 같은 주장을 외치는 바이다.

필자는 그 부르짖음의 증거로서 이 책 속에 자살에 실패한 사람들의 체험담을 소개했다. 또한 영계통신(靈界通信)에 의해 자살자가 말하는 사후세계의 양상과 그 사람 자신의 자살에 대한 생각을 소개했다.

그들의 대부분이 스스로 갔던 또는 현재 있는 사후의 세계가 살아있는 지옥보다 열배 백배 더 고통스러운 지옥이라는 것을 말하고 있다.

지옥의 고통은 좋아서이건 좋아하지 않아서건 상관없이 스스로 목숨을 끊은 사람 위에 내려지게 마련인 것이다.

다시 말해서, 자살이라는 수단으로는 현실 세계의 고통에서 순간적으로 도망칠 수 있었다손 치더라도(사실은 그것이 도망친 것이 되지 않지만) 보다 더 혹독한 고통을 받는 사후의 세계로 가지 않으면 안된다는 것이다.

자살에 실패한 사람의 체험담과 자살한 사람의 영계통신 그리고 심령이론으로 이 책에서는 자살한 사람이 어째서 안락한 사후의 세계로 갈 수 없는 것인가? 하는 이유를 설명하고 있다.

자살로 인하여 파손되는 영체(靈體)의 엑토플라즘을 조사하는 것으로 자연사(自然死)와 부자연사(不自然死)가 영계(靈界)에서 크게 차이가 난다는 것을 알게 된다.

다시 말하여, 자살이라는 수단에 의해서는 엑토플라즘이

육체에서 이탈할 수 없으며, 유계(幽界)에도 영계(靈界)에도 갈 수 없다는 것이다.

　자연사의 경우는 90퍼센트의 엑토플라즘이 육체로 부터 이탈할 수 있으나, 부자연사의 경우는 그 절반도 이탈할 수 없는 것이다.

　사람의 잠재의식 속에는 죽음에 의한 현실로 부터의 도피, 죽음의 미화(美化)가 있는 셈이지만, 그런 것들이 크나큰 잘못임을 호소하고 싶다.

　필자는 심리학자도 종교가도 아니므로 어려운 것은 말할 수 없으나, 37년간 연구를 계속하고 있는 심령과학과 스스로도 자살을 생각했던 일이 있는 경험으로 자살과 그의 사후의 세계라는 주제에 도전해 보았다.

　죽음이라는 것은 한 인간의 종말을 뜻하고 있는 것은 아니다. 죽음으로 인하여 새로운 생명이 다시금 주워지는 것이다.

　그 죽음은 자연사(自然死)이지 부자연사(不自然死)는 아니다.

　필자가 이 책을 쓴 가장 큰 목적은 자살하는 사람이 없어지기를 원하는 마음에서이다. 이 세상은 산 지옥이라고들 한다. 틀림없이 그렇다. 하지만 산 지옥에서 탈출하기 위하여 자살을 해보았자, 갈 곳은 지옥 속의 지옥이지 결코 안락한 세계는 아니다.

　어린이들이 괴롭힘을 고통스럽게 여겨 자살을 하고 있으나, 이것은 절대로 막지 않으면 안되는 일이며, 괴롭힘을 없애지 않으면 안된다. 지금 문제가 되고 있는 괴롭힘은 아이들의 문제만이 아니라, 어른의 세계에도 있다.

　괴롭힘을 없애는 일은 중요할 것이다. 하지만 괴롭힘을 받고 강해지는 일도 있으니까, 괴롭힘을 어떻게 받아들이느냐 하는 것이 보다 더 중요한 일이 아닐런지?

필자 자신도 어렸을 때 꽤 심하게 괴롭힘을 당한 경험이 있으며, 괴로움을 준 일도 있으나, 어머니로 부터 괴롭힘을 극복하지 못한다고 심하게 꾸지람을 들었던 것이다. 그래가지고 어찌 어른이 된단 말이냐? 하고 매를 맞은 일조차 있다. 그것이 두고 보자! 하는 반항정신의 근성을 만들어 주었다.

지금하고 옛날과는 시대가 다르다. 이렇게 말하는 사람도 있을 것이다. 하지만 필자는 마찬가지라고 생각한다. 왜냐하면, 같은 인간이며 인간형성(人間形成)에 그리 큰 차이는 없다고 생각하고 있다. 두고 보자! 근성(根性)이 없어서는 인간사회에서 살아갈 수 없다.

어린이나 어른을 자살로 몰아넣지 않는 사회나 제도가 필요하긴 하나, 역시 자살이라는 자기 자신에게 지는 행동을 하지 않는 강한 정신력의 인간을 깨우는 일이 가장 필요할 것이다.

이 하잘 것 없는 글이 자살을 방지하는데 조금이라도 도움이 된다면 다행이라고 생각한다. 끈질긴 것 같지만, 마지막으로 다시 한번, '자살하여 지옥 속의 지옥의 고통을 받느니, 산 지옥을 견뎌서 인생에 승리하자.'

이렇게 말하고저 한다.

저 자
나까오까 도시야(中岡俊哉)

자살자가 본 사후세계 • 차례

머리말 ——————————————————— 5

서 장 사후세계는 너무 괴롭고 무서워

1. 자살같은 것 하는게 아니었어 ——————— 16

자살한 아들이 저승에 가지 못한 것은 아닐런지 — 16
아들의 영과 이야기가 하고 싶다 ——————— 18
난 괴로워, 너무 무서워요 ————————————— 19
원인모를 발작적인 자살 —————————————— 22
영(靈)이 말하는 자살의 진정한 원인이란? ——— 23
자살자의 사후세계는 아름다운 곳이 아니었다 — 25
오로지 아들이 성불하기를 바라는 부모 ————— 26

제1장 자살자이기에 겪는 사후의 세계

1. 죽은 이와의 영계통신(靈界通信) ——————— 30

죽은 이는 말이 없는게 아니었다 ————————— 30
① 자동서기(自動書記) ——————————————— 32
② 초령(招靈) ——————————————————— 32
③ 영성녹음(靈聲錄音) ——————————————— 34
자살자와의 영계통신은 매우 어렵다 ——————— 34

2. 자동서기로 밝혀진 자살자들의 사후의 세계 ——— 37

죽은 동생으로 부터의 메시지 ——— 37
검은 꽃과 자갈이 물어뜯는 적막한 계곡 ——— 38
국회의원 나까가와 이찌로오씨가 전하는
사후의 고통 ——— 40
수수께끼가 수수께끼를 부른 총재 후보의 자살 ——— 42
영계통신으로 죽음의 아름다움을 부정하는
작가 미시마 유끼오(三島由紀夫) ——— 44
자위대 동부 방면 총감부에서 할복 자살 ——— 47
조숙한 천재작가 ——— 48
왜 할복 자살을 해야만 했을까? ——— 50
부처의 큰 발에 짓밟히고 있는 듯한 사후세계 ——— 52
마리린 먼로에게서 온 영계통신 ——— 53
아직도 해명되지 않은 자살 원인 ——— 55

3. 초령(招靈)된 자살자들이 말하는 사후세계 ——— 59

목을 매어 죽은 중2의 효자 아들 ——— 59
남긴 일기로 밝혀진 괴롭힘의 잔혹상 ——— 61
이승에서의 괴로운 것 이상의 고통에 찬
사후세계 ——— 63
배우 다미야 지로오(田宮二郎)의 영 ——— 66
산탄총(散彈銃)으로 자살한 TV의 인기스타 ——— 68
아내에게 남긴 유서 ——— 70
전 올림픽 입상자의 자살에 얽힌 수수께끼 ——— 72
도저히 상상도 안되는 고통의 사후(死後) ——— 75
수수께끼의 유서를 남기고 자살한 배우
오끼마사야 ——— 76
마음에 걸린 생체 자기파(生體磁氣波) ——— 80
열반과는 동떨어진 멀고 적막한 무서운 세계 ——— 81
투신자살한 노배우 오오또모 류유따라오 ——— 84
이곳은 끔찍한 곳이야, 괴롭고 외로워 ——— 86

어느 회사원의 자살에 숨겨진 과거 ──────── 87
이런 무시무시한 곳에 오는게 아니었어 ──────── 92

제2장 자살자의 엑토플라즘은 영계에 안주할 수 없다

1. 죽음은 모든 것의 끝이 아니었다 ──────── 96

죽은 이의 혼(魂)에 대한 소박한 두려움 ──────── 96
세계의 여러 종교는 사후의 세계를 어떻게
보고 있나? ──────── 99
삶의 종교와 죽음의 종교 ──────── 102
삶에 대한 강한 힘이 평안한 사후로 이어진다 ──────── 103

2. 심령과학이 밝힌 자살령(自殺靈)의 행방 ──────── 107

종교에서 말하는 사후세계에 대한 갖가지 의문 ──────── 107
어느 고교생의 실험적 자살에 결여된 것 ──────── 110
영(靈)에 대한 열가지 기본이론 ──────── 112
자연사(自然死)의 경우, 영은 어디로 갈 수
있을까? ──────── 114
자살의 경우 영은 어디로 가나? ──────── 120
자살령(自殺靈)은 유계(幽界)로도 영계
(靈界)로도 들어갈 수 없다 ──────── 127

제3장 자살 미수자들이 본 사후세계

1. 저승에서 안주할 곳은 없다 ──────── 132

자살은 고통으로 부터의 영원한 도피는
될 수 없다 ──────── 132

자살자에 대한 크나 큰 분노 ──── 134
죽음에서 살아난 이만이 말할 수 있는 체험담 ──── 135

2. 불 타는 화살, 백골이 된 쥐, 해골이 덤비다 ──── 137

농약을 마시고 자살한 열 여섯살 소녀 ──── 137
헌신적인 간호를 하는 동생 ──── 139
사경을 헤매기를 30시간만에 ──── 140
자살을 생각하는 소녀에게서 온 편지 ──── 142
부모에 대한 원한에 찬 소녀의 노트 ──── 144
나, 사후의 세계를 보고 왔어요 ──── 146
불타는 창에 찔려서 떨어진 공포의 세계 ──── 147
살아있을 때보다 훨씬 괴로운 생각 ──── 149

3. 죽은 어머니 곁에 갈 수 있다고 생각했는데 ──── 151

계모와의 다툼에 괴로워하는 16세 소년 ──── 151
깨어지기 시작한 가정 ──── 152
저 여자는 내 어머니가 아니야! ──── 154
마침내 등교도 거부하고 ──── 155
가사상태(假死狀態)에서 본 무서운 세계 ──── 158
죽지 못했구나! ──── 160

4. 그곳은 얼음처럼 차디찬 모래지옥이었다 ──── 162

누명도 스스로 벗을 만큼 지기 싫어하는 성격 ──── 162
기가 센 탓으로 고립되다 ──── 164
죽는 걸로 영원히 모든 사람을 이긴다! ──── 166
마침내 결행(決行)하는 날 ──── 167
20시간 동안의 죽음에서 체험한 지옥 ──── 169
아무리 괴로운 일이 있어도 이승이 좋다 ──── 171

5. 살아도 지옥, 죽어서도 지옥뿐인가? ─────── 173

    도박에 미친 남편에게 고통받는 나날 ─────── 173
    아내의 몸을 담보로 고리대금업자에게서
    3백만 엔(円)이나 ───────────────── 175
    살 희망도 기력도 없어져서 ─────────── 177
    죽은 어머니와 즐겁게 지내려고 생각했던 저승이 - 179

6. 바늘고문, 물고문 끝에 온몸을 토막내는 고문 ─── 183

    가정을 희생하면서까지 회사에 충실한 사원 ───── 183
    모든 게 잘못되기 시작 ───────────── 185
    의지도 용기도 사라지고 ───────────── 187
    살아도 별 수 없어 ─────────────── 190
    그곳은 계속되는 고문의 세계였다 ───────── 191
    이승의 고통이 그래도 견딜만하다 ───────── 193

제4장 다시는 자살같은 것 하지 않으리

1. 한번 죽은 사나이가 알게 된 이승의 장점 ─────── 198

    가사상태에서 체험한 사후세계의 고통 ─────── 198
    살아있으면 자신의 의사로 행동할 수 있다 ───── 199
    죽음을 결심하게한 이승의 고통이란? ─────── 201
    죽음으로 모든게 끝나는줄 알았는데 ──────── 202
    저승의 지옥은 이승의 지옥보다 더 무섭다 ───── 205

2. 그 무서움을 생각하면 어떤 일에도 견딜 수 있다 ─── 207

    애인의 배신과 어머니의 죽음으로 마음이

허전해져서 ———————————————— 207
무심결에 내뱉은 말로 죽음을 결심 ——————— 210
이것으로 난 죽을 수 있어 ————————————— 212
46시간의 사후세계 체험 ————————————— 213
자살미수여서 다행이야, 만약 정말로 죽었다면 —— 215

3. 사후세계의 괴로운 경지를 체험하다 ——————— 218

데릴사위만이 겪는 괴로운 나날 ————————— 218
장모와 아내에게 멸시를 당하고도 ———————— 219
나도 죽을 용기쯤은 있다 ————————————— 222
녹은 무쇠계곡에 쳐진 가는 밧줄을 타고 ————— 224
살아날 수 있어서 정말 다행이었다 ———————— 225

4. 자살에 실패한 이야기가 도움이 된다면…… ——— 227

고3때 열살 위의 사내와 가출 —————————— 227
무위도식하는 그 때문에 18세에 호스테스로 ——— 229
두사람의 사랑의 맺음 —————————————— 231
첫번째 자살 미수 ———————————————— 232
재출발을 했다고 생각했는데 ——————————— 234
그에게서 도망치려면 죽는 수 밖에 없다 ————— 236
얼핏 본 사후의 세계 —————————————— 237
두번 다시 자살같은 것 하지 않아요 ——————— 240

서 장
사후세계는 너무 괴롭고 무서워

1. 자살같은 것 하는게 아니었어……

자살한 아들이 저승에 가지 못한 것은 아닐런지……

"료오야! 기다려, 위험하다! 얘 료오야!"

센다이시(仙台市)에 사는 야마다 가요 여사(40세 가명)는 밤마다 외아들 료오이찌의 꿈을 꾸고는 흥건히 땀에 젖어 깨는 것이었다.

꿈속의 료오이찌는 험한 벼랑에서 떨어질 것만 같다. 가요 여사는 큰 소리를 지르며 료오이찌를 구하러 가려고 하나 도저히 그곳으로 다가 갈 수 없었다. 오직 괴로운 듯이 일그러지는 료오이찌의 얼굴만이 눈 앞에 크게 다가오는 것이었다.

"여보, 왜 그래?"

가요 여사는 자신의 큰 소리와 남편의 목소리로 잠이 깨는 것이나, 괴로워하는 듯한 료오이찌의 얼굴이 눈에 어른거려서 마음이 찢어질 것만 같았다.

가요 여사는 벌써 한달 가까이나 같은 꿈을 꾸는 것이었다. 이렇게 되면 밤에 잠을 자는 것조차 무서워진다.

"여보, 료오이찌가 저승에 못가고 있어요. 상청(喪聽 : 제사상)을 차려주세요. 부탁해요."

가요 여사는 남편에게 합장을 하며 부탁했다.

"안돼, 자살 따위를 한 불효자식에게 상청을 차려줄 수 없어!"

남편은 막무가내로 들어주려고도 하지 않았다.

중학교 3학년인 료오이찌가 자살한 것은 3개월 전의 일이었다. 농약을 마시고 목을 맨 것이었으나, 어째서 자살을 해야만 했었는지, 그 원인은 전혀 알수 없었다.

학교 성적도 좋고 현립고교(縣立高校)에 입학할 수 있다는 것은 거의 정해져 있었고 물심양면으로 풍족하고, 명랑한 성격이어서 료오이찌군의 자살의 원인에 대해서는 아무도 짐작하는 것이 없었다.

"료오이찌는 저승에 가지 못하고 있기 때문에 밤마다 꿈에 뵈는 거예요. 제대로 상청을 차려주면 저승으로 갈 수 있을 텐데요……"

"안돼, 자살하는 그런 놈은 상청을 차리지 않는게 법도요. 저승에 못가고 있대도 그건 자업자득(自業自得)이요!"

남편은 료오이찌군의 상청을 차리기를 단연코 반대하였다. 료오이찌군의 유골은 연고자가 없는 것으로 하여 절에 맡겨진 채였다.

"스님, 료오이찌가 밤마다 꿈에 나타나서……"

가요 여사는 절에 가서 주지스님에게 의논을 했다.

"그럴 것이여……하지만 이 일만은 바깥양반의 생각이 바뀌기 전에는 달리 방법이 없어. 료오이찌군이 잘못했으니까 말이여……"

"그렇지만 이미 죽은 사람에겐 죄가 없다고 생각합니다만……"

"자살은 죄야, 부모에게서 받은 목숨을 제 마음대로 끊어버리는 거니까 말이여, 용서할 수 없는 일이구만."

주지스님도 가요 여사의 상담에 응해 주지 않았다.
"료오야! 료오이찌!"
가요 여사는 계속 꿈을 꾸었다. 시간이 흐름에 따라, 꿈 속에 나타나는 료오이찌군의 표정은 고통스러워 보이는 무서운 표정으로 변해 갔다.
가요 여사는 꿈 때문에 노이로제가 되고 말았고, 잠을 이룰 수 없게 되었다.
그래도 남편은 료오이찌군의 상청을 차려주려고 하지 않았다.
"가요 여사, 료오의 이야기를 들어봐 주는게 어떨까? 다소나마 편해지지 않을까?"
보다못한 이웃 사람들의 권유로 가요 여사는 영능력자에 의지해 보기로 했다.
"좋을대로 하구려."
남편은 그 일에는 반대도 찬성도 하지 않았다.

아들의 영과 이야기가 하고 싶다

가요 여사는 이웃 사람의 안내로 도쿄에 사는 영능력자를 찾아 갔다.
"아드님이 몹시 괴로워 하고 있군요."
가요 여사가 아무 말도 하지 않았는데, 영능력자는 가요 여사를 보자마자 대뜸 이렇게 말했다.
"실은 아들이 밤마다 꿈에 나타나서……"
가요 여사는 지금까지 있었던 일을 남김없이 이야기했다.
또한 남편이 료오이찌군을 자살한 탓으로 상을 차려주는 것에 반대하기 때문에 난처한 처지를 당하고 있다는 점을 강조했다.

"자살한 사람이나 동반자살한 사람을 상청을 차려 주지 않는 풍습은 아직도 뿌리깊이 남아 있습니다. 여사댁만이 아닙니다."

영능력자는 가요 여사를 위로해 주듯이 말했다.

"료오이찌가 말하고 싶어하는 걸 들어주고 싶습니다. 료오이찌의 영을 불러 주십시오."

가요 여사는 영능력자에게 경배하듯이 부탁했다.

"알았습니다. 하지만 목을 매었으니, 제대로 이야기가 될 수 있을지 어떨지 잘 모르겠습니다.……"

영능력자는 가요 여사에게 다짐하듯이 말하고는, 조수의 몸으로 료오이찌군의 영을 강신시키기 시작했다.

영능력자는 오랫동안 경(經)과 주문(呪文)을 외우고 있으려니까, 이윽고 조수의 몸이 심하게 진동을 일으키기 시작했다.

"아마도 료오이찌군의 영인게로군요. 자 빨리 이 사람의 몸으로 내리시오."

영능력자는 방 한구석을 향해 이렇게 말했다.

주위는 야릇한 분위기로 휩싸여지고 가요 여사는 무심결에 두 손을 합장하고 깊이 머리를 숙였다.

"으으윽!"

조수는 크게 신음소리를 내자마자 쿵 소리를 내며 방바닥 위로 쓰러졌다.

난, 괴로워, 너무 무서워요

"료오이찌군, 괴로운가요? 말할수 있어요?"

영능력자는 쓰러진채 몸을 떨고 있는 조수에게 말을 건넸다.
조수의 몸에 실린 료오이찌군의 영은 고개를 약간 움직였다.
"목이 아프군요……"
영능력자는 염주를 지닌 손으로 조수의 목을 안마해 주었다.
"이제 괜찮아요, 자 어머님과 이야기를 나눠요. 말하고 싶은 걸 이야기해 봐요. 자 어머니가 이야기를 하십시오."
영능력자는 가요 여사를 재촉했다.
"예, 예…."
가요 여사는 후닥닥 놀라며 얼굴을 들었다.
"료오이찌, 료오야! 어머니다. 알아보겠느냐?"
가요 여사는 목이 메면서 이렇게 물었다.
조수의 몸에 빙의된 료오이찌군의 영은 고개를 움직였다.
"알아보는구나, 료오이찌!"
가요 여사는 큰 소리로 말했다.
"어, 어……"
료오이찌군의 영은 목소리를 내려고 하지만 목이 쉬어서 나오지를 않는다.
영능력자는 염주를 지닌 손으로 쓰러진 채로 있는 조수의 목을 문질러 주었다.
"이젠 괜찮아, 목소리가 나올 거야, 이야기 해봐요."
영능력자는 료오이찌군의 영에게 다정하게 말을 했다. 하지만 료오이찌군의 영은 이야기를 하려고 입을 오물오물 움직이기는 하는데 좀처럼 말이 되어 나오지 않는다.
"료오야! 말해 봐라. 무슨 말이 어머니에게 하고 싶은 거냐?"
 가요 여사는 자꾸 말을 걸었다. 필사적이었다. 어떻게든 료오이찌군의 말을 들어보려고 했다.
 영능력자도 료오이찌군의 영에게 말을 시키려고 했다.
 "어, 어, 어머……"
 "료오야!"
 간신이 료오이찌의 영이 이야기를 시작했다.
 가요 여사는 눈물을 흘리면서 쓰러진 채로 있는 조수의 얼굴에 자기 뺨을 갖다 댈듯이 하면서 료오이찌군의 말을 들었다.
 "어머니, 어머니!"
 "료오야! 어머니다. 여기 있어, 자 말해 봐라. 무슨 말이 하고 싶은 거냐?"
 "어머니, 나 외로워요, 너무 무서워요……"
 료오이찌군의 말이 차츰 분명해지고 보통으로 알아들을 수 있을 정도가 되었다.
 "료오야, 뭣때문에 자살 같은 걸 했단 말이냐!"
 가요 여사는 무엇보다도 알고 싶은 것을 물었다.
 "………"
 허지만 그 말에는 대답이 없다.
 "어머니, 나, 나요……"
 하고 싶은 말을 할수 없는 건지, 료오이찌군의 영은 입속에서 웅얼거렸다.
 "료오야, 지금 넌 어떤 곳에 있는 거냐?"
 "모르겠어. 그게 말야. 사방은 깜깜하단 말예요. 마치 구멍 속에 들어가 있는 것 같았어, 아무 것도 안 보인단 말예요……"

"료오야 말해 봐! 왜 자살한 거냐? 아버지나 어머니가 뭐 잘못한 거라도 있는 거냐?"

"........."

료오이찌군의 영은 역시 그 일에는 아무런 대답도 하려고 하지않았다. 허지만 가요 여사는 어떻게든 그 일이 알고 싶었던 것이다.

원인모를 발작적인 자살

야마다 료오이찌군은 1984년 10월 28일 학교에서 돌아오자 자기 방으로 들어갔다.

그때의 상태는 여느 때와 조금도 다르지 않았다. 가요 여사와 몇마디 주고 받고, 저녁에 먹고 싶은걸 주문했다. 이윽고 빵과 커피로 우선 배를 채우고는 자기 방으로 들어간 것이었다.

"료오야, 어머닌 시장 다녀올게!"

가요 여사는 외출할 때, 그렇게 말을 했다.

"예, 안녕히 다녀오세요!"

방안에서 료오이찌군의 대답하는 소리가 들렸다.

가요 여사는 한시간 남짓하여 집으로 돌아왔다. 이윽고 그대로 저녁 식사 준비를 하고 남편이 돌아오기까지 료오이찌군과는 이야기를 하지 않았다. 그것은 다른 때와 마찬가지였다.

"료오야, 저녁 먹어라!"

오후 7시가 지나 가요 여사는 료오이찌군의 방 밖에서 말을 했으나 대답이 없었다. 그런 일은 흔히 있었으므로 가요 여사는 특히 마음에도 두지 않고 있었다.

"얘, 료오이찌 저녁 먹어라!"
 료오이찌군이 좀처럼 나오지 않으므로 남편이 료오이찌군의 방 앞까지 가서 말을 건네고 문을 열었다.
 "악! 료, 료, 료오이찌!"
 남편은 놀란 나머지 소리를 질렀다.
 그 목소리를 듣고 달려온 가요 여사는 방안을 들여다 보자마자 기절할뻔 했다.
 이게 웬일이란 말인가! 료오이찌군이 목을 매고 자살한 것이었다. 방바닥에는 농약병이 뒹굴고 있었다.
 남편은 료오이찌군의 몸을 안아 내렸다. 하지만 이미 완전히 죽어 있었다. 달려 온 구급의(救急醫)도 료오이찌군이 사망했음을 인정했다.
 어째서 자살을……?
 여러 각도로 조사를 해보았으나, 자살할 만한 원인은 떠오르지 않았고, 단서가 될만한 것도 아무 것도 없었다. 물론 유서 같은 것도 전혀 남아있지 않았던 것이다.
 료오이찌군의 자살은 단순한 발작적인 것으로 원인불명이라는 걸로 처리되게 되었다.
 "허지만 뭔가 원인이 없는, 저 애가 자살을 하다니……"
 가요 여사는 어떻게든지 원인을 알려고 했다.
 "내버려 둬! 자살 같은 것을 하는 그런 불효자식은 상청을 차려줄 필요도 없는 거요."
 남편은 외아들을 잃은 슬픔을 그렇게 화를 내는 걸로 얼버무리는 것이었다.

영(靈)이 말하는 자살의 진정한 원인이란?

"료오야! 제발 부탁이니까. 왜 자살했는지 그 까닭을 말해 다오. 부탁이다!"

가요 여사는 료오이찌군의 영(靈)에게 애원하듯이 호소했다. 허나 료오이찌군의 영은 그 물음에 대답하려고 하지 않는다.

"왜 대답하려 하지 않느냐. 말하지 않으면 넌 영원히 지박령(地縛靈)이 되어 계속 떠돌아 다녀야만 한단다. 저승에 가지 못해도 괜찮다는 거니!"

영능력자가 심한 말로 료오이찌군의 빙의령에게 그렇게 말하고 주력(呪力)을 보냈다.

"그, 그만 해요…… 말, 말할께……"

료오이찌군의 영은 떠듬 떠듬 말을 하기 시작했다.

"어머니, 죄송해요. 난 반드시 죽지 않으면 안될만한 까닭은 아무 것도 없었어요."

"뭐! 정말이야? 정말 아무 원인이 없었단 말이냐?"

"예……그저, 어쩐지 살아 있는게 재미없다고, 무의미하다고 생각했을 뿐이예요……, 무의미하다고 생각한건…… 아버지를 보고 있으려니까, 나도 장차 저렇게 되는 거구나 하고 생각하니까 왠지 따분해져서……"

"료오야, 그게 정말이냐? 그 밖에 더 다른 뭔가 원인이 있었던 게 아니냐?"

"정말이야, 아무 것도 없단 말예요. 아버지 처럼 그저 진국으로만 일을 해나가지 않으면 안되는 건가 하고 생각했을 뿐이란 말예요……"

"료오가 죽으면 아버지나 어머니가 얼마나 슬퍼하는지 그런건 생각도 하지 않았었니?"

"아……"

가요 여사는 료오이찌군의 말에 망연실색하고 말았다. 하지만 언제까지나 그렇게만 있을 수는 없었다. 눈물을 닦고, 정신을 차리고 말을 하였다.

자살자의 사후세계는 아름다운 곳이 아니었다

"료오야, 지금 네가 있는 곳이 좋은 곳이냐?"
"몰라요, 깜깜한걸. 헌데 너무너무 무서워요. 알수 없는 이상한 것이 내 옆에 우글거리고, 나를 노리고 있는 것만 같아……"
"료오야, 어머니 한테 뭐 바라는 거 없니? 말해 봐라. 뭐든지 할 수 있는건 다 해줄께."
"됐어요. 아무 것도 안해줘도…… 헌데 나 괴로워 돌아가고 싶어……"
"뭐! 어데로?"
"어머니 한테…… 헌데 안되지……그지…나 자살같은 거 하는 게 아니었는데. 죽은 뒤 세계란 너무 외롭고, 괴롭고, 무서워요…"
"료오야! 료오이찌!"
가요 여사는 큰 소리로 외쳤다. 허지만 다시는 료오이찌군의 목소리는 들리지 않고 말았다.
"이젠 안됩니다. 료오이찌군의 영은 사후의 세계로 돌아가고 말았습니다."
조수가 천천히 일어나는 것을 보고 영능력자는 가요 여사에게 그렇게 알려 주었다.
"가르쳐 주십시오. 료오이찌는 어떤 곳에 있는 걸까요? 영원히 저승으로 못가는 걸까요?"

가요 여사는 영능력자에게 매달릴 듯한 기분으로 물었다.
"그렇지요, 도와주지 않으면 저승으로 갈 수 없지요. 료오이찌군의 영은 자살같은 부자연스러운 죽음을 한 영(靈)만이 가게 되는, 끝없는 깊은 골짜기 같은 곳으로 떨어지게 됩니다. 떨어지는 걸 멈추게 해주지 않으면, 언제까지나 계속 떨어지겠지요. 그건 끔찍한 상태입니다."
영능력자는 지금 료오이찌군이 놓여진 입장에 대하여 설명했다.

오로지 아들이 성불하기를 바라는 부모

"그랬군. 내가 원인이었군……"
가요 여사에게서 이야기를 들은 남편은 크게 충격을 받고, 불쑥 이렇게 한마디 하곤 말았다.
"여보 이상한 마음 잡숫지 말아요."
가요 여사가 걱정할 만큼 남편의 모습은 몹시 침울해 보였다. 그와 같은 상태가 열흘 가까이나 계속되었다.
"스님에게 부탁하고 왔소. 료오이찌의 상청을 제대로 차려 줍시다."
귀가한 남편이 가요 여사에게 그렇게 말했다.
"정말이예요, 고맙습니다, 여보……"
가요 여사는 기쁨의 눈물을 흘렸다.
료오이찌의 상청을 집에 차린 뒤로는 가요 여사는 꿈을 꾸지 않게 되었다.
야마다씨 부부는 날마다 료오이찌군의 영이 영계로 가기를 기원하며 합장을 하고 있다.
가요 여사의 귓속에는 료오이찌군의 '자살같은 건 하는 게 아니었어, 사후의 세계는 괴롭고 무서워요!' 하고 외치는 소리가 쟁쟁하게 울려퍼지고 떠날줄을 모른다고 한다.

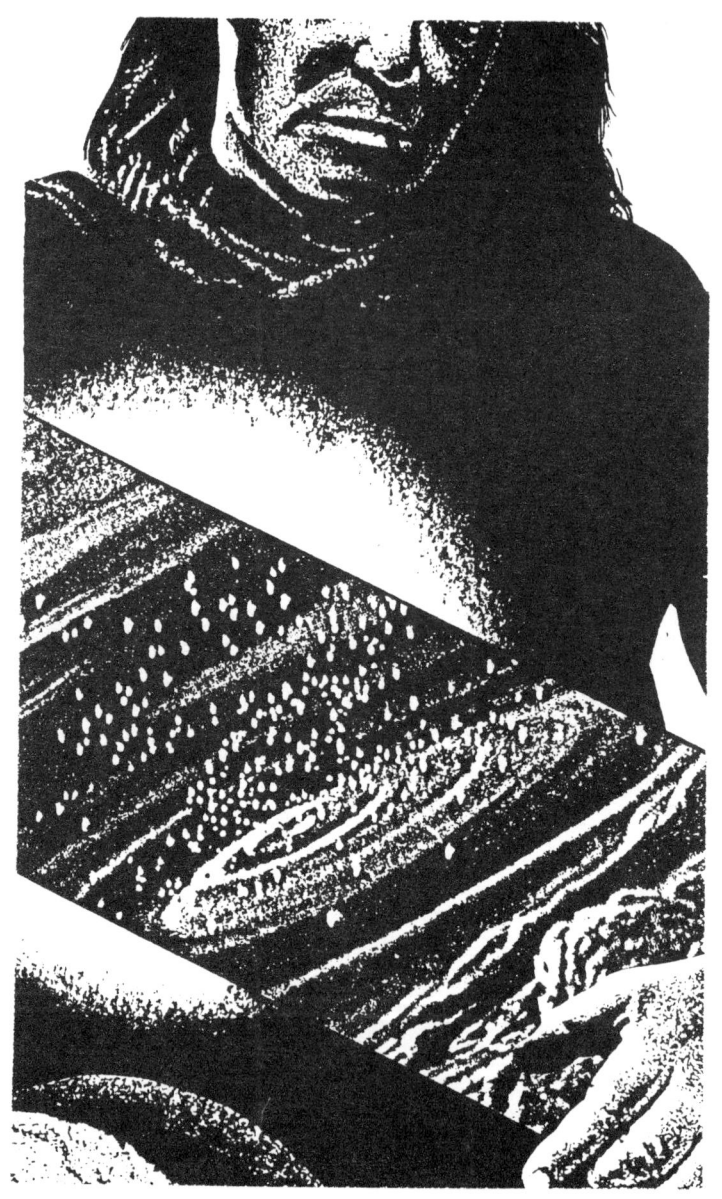

제 1 장
자살자이기에 겪는 사후세계

1. 죽은 이와의 영계통신(靈界通信)

죽은 이는 말이 없는게 아니었다

'죽은 자는 말이 없습니다.' '죽은 이는 말하지 않는다.' 이런 따위의 말이 흔히 옛이야기로 전해져 내려 온다.
　사람은 죽으면 그만이다. 말을 할 수 없으니까 모든 게 묻히고 만다——고 하는 사고방식인 것이다.
　이런 '죽은 이는 말이 없다'는 생각은 산 사람의 자신에게 편리하게 유리한 쪽으로 일을 돌리는 방편으로서 사용된 것이라고 해석할 수 있을 것이다.
　허지만, 죽은 이의 육체는 아무 말도 하지 않더라도, 죽은 이의 육체에서 이탈된 영(靈), 이른바 엑토플라즘은 분명히 말하고 있는 것이다.
　살해당한 죽은 이의 영이 제3자[흔히는 승려(僧侶)]에게 자신을 죽인 범인을 알려주는 일은 옛부터 많이 알려진 사실이다. 현대에 와서도 그와 같은 일은 많고, 살인범이 죽은 이로 부터의 영계통신(靈界通信)에 의해 잡힌 예는 세계적으로 꽤 많이 있다.
　바로 최근에도 서독에서 사고를 가장하여 여자를 살해한 사나이(40세)가 죽은 이로 부터의 영계통신(靈界通信)으로

10년만에 잡힌 것이다.
"죽은 이와 이야기가 하고 싶다."
"죽은 이가 남긴 말을 듣고 싶다."
이와 같이 영계통신을 희망하는 사람은 굉장히 많다. 죽은 이의 고향, 죽은 이와의 교신장(交信場)이라고 불리는 아오모리껭의 료오(恐)산에는 해마다 몇만명이라는 사람들이 모여 와서 무당에게 죽은 이의 영을 불러달라고 부탁하고 있는 일이 그 좋은 보기가 아닐런지.
 필자에게 상담하러 오는 사람들의 거의 반이상이 '가능하다면 죽은 육친과 이야기 하고 싶다'고 바라고 있고, '초령(招靈)을 할수 있는 영능력자를 소개해 주었으면 좋겠다'고 말하고 있다.
 이와 같이 죽은 이와의 교신을 희망하는 사람들은, '그 죽은 이가 자연사(自然死)를 했건, 부자연사(不自然死)를 했건 상관없이 영계통신을 바라고 있다. 희망하는 사람들은 하나같이 설령 천수(天壽)를 다한 자연사였을지라도, 남기고 싶었던 말이 있는 게 아닐런지, 더 말하고 싶은 게 있는 게 아닌가 하고 생각하고 있는 터이다.
 틀림없이 산 사람이 생각하듯 죽은 이는 설령 자연사를 하였건, 부자연사였건 이야기하고 싶은 것은 있다. 남김없이 하고 싶은 말을 다 말하고 죽는 사람은 없을 것이다.
 죽음에 직면하여, 현세(現世)에 대한 미련도 있을 것이고, 마음에 걸리는 일도 한 두가지가 아닐 테니까 너무나도 당연하다고 말할 수 있을 것이다.
 살아 있는 사람에 의한 죽은 이와의 영계통신은 모두가 갖고 있는 소망이며, 사라지지 않는 희망일 것이다.
 또한 심령의 세계에 관심을 갖고 있는 사람이라면, 더더욱 그런 소망은 강력할 것이다.

 필자 자신도 영(靈)에 대하여, 심령에 대하여 강한 관심과 확신을 갖게 된 것은 영계(靈界), 죽은 이와의 교신을 할 수 있을 때부터였고 죽은 이와 대화가 가능해지면서였다.

 이와 같은 영계통신은 사후(死後)의 세계를 아는 유일한 최대의 방법이며, 세계 각국의 심령과학 연구가들은 보다 정확하게 이 통신을 하려고 갖가지 방법을 시도하고 있다.

 현재 영계통신에서 가장 흔히 사용되고 있는 게 자동서기(自動書記)이며, 초령(招靈)이며, 영성녹음(靈聲錄音)이다.

① 자동서기(自動書記)

 자동서기란 죽은 이가 산 사람의 육체를 매체(媒體)로 해서 글씨나 그림 같은 것을 쓰거나 그리는 방법으로, 산사람은 완전히 무의식(無意識)의 상태에서 죽은 이와 통신하고저 하는 것을 쓰는 것이다.

 브라질에는 이런 자동서기에 의하여, 죽은 유명한 소설가의 작품을 1백편 남짓이나 쓴 문맹(文盲)인 영능력자가 있다.

 또한 영국에는 베에토벤, 쇼팽, 모챠르트의 작품을 쓴 여성이나 피카소의 그림을 그린 청년 같은 사람이 있다.

 일본에는 별로 이름난 자동서기(自動書記)의 영능력자는 흔치 않으나, 죽은 육친같은 이에게서 온 영계통신을 받은 예는 많이 있다.

② 초령(招靈)

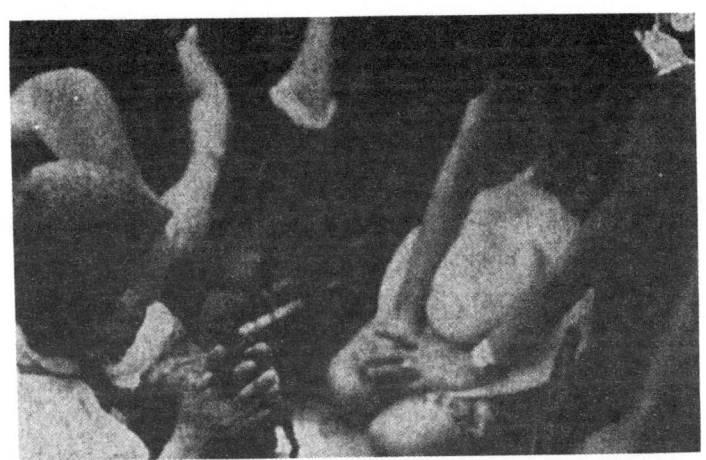

공산(恐山)의 이다꼬(영매자)에게 초혼을 부탁하는 가족들

자동서기(自動書記)로 죽은 작곡가의 악보를 기록하는 로즈마리

초령(招靈)이란 영매(靈媒)나 영능력자의 몸에 죽은 이의 영을 빙의시켜서 죽은 이에게 말을 시키거나 산 사람과 대화를 하는 방법으로 일반적으로 유명한 것은 교오산(恐山)의 무당이다.

이 초령하는 방법은 영계통신에서 가장 많이 사용되는 것이며 대화를 할 수 있다는 것이 죽은 이와 접한다는 느낌을 강하게 주며 일본뿐만 아니라 세계 각국에서 행해지고 있다.

하지만 이 방법의 경우 초령을 하는 영매나 영능력자가 꽤 강력한 능력을 가지고 있지 않으면 가능하지 않으므로 그런 사람을 찾는 일이 힘들다.

③ 영성녹음(靈聲錄音)

영성녹음(靈聲錄音)이란, 독일·미국·영국의 전기 관계의 과학자들이 중심이 되어 연구를 진행하고 있는 것으로, 현재는 아직 실험을 시작하는 단계로, 일반적으로 사용되기에 이르고 있지는 않다.

이것은 특수한 녹음기를 사용하여, 영(靈)의 목소리를 녹음하는 것으로 지금까지 이미 2백명 가까운 영성(靈聲)을 녹음했다고 한다.

필자는 4, 5명의 영성을 들어보았으나 육성이라기 보다는 금속음(金屬音)이라는 느낌이 강하고 잘 알아들을 수 없었다.

다만 앞으로의 연구에 따라서 가까운 장래, 영계통신에 기계장치가 사용될 것은 분명하다.

자살자와의 영계통신은 매우 어렵다

이상의 세가지 방법으로 영계와의 교신이 이루어지고 있는 셈이나, 그 교신 속에서 죽은 이는 모두 스스로의 죽음이라는 것을, 사후의 세계라는 것을 각각 말하고 있다.

죽은 이와의 교신은 산 사람이나 죽은 사람 모두가 강력히 원하고 있다고 말할 수 있으나 특히 자살해 죽은 이와의 교신을 원하는 사람은 많다.

그것은 자살해 죽은 이의 경우 설령 유서를 남겨 놓았다고 하더라도 극히 짧은 메모 정도의 것이 많고, 꽤 길게 써있어도, 남은 사람들에게는 만족스럽지 못한 경우가 많기 때문이다.

헌데 문제가 되는 것은 자살한 이의 경우, 아무래도 영체(靈體)로서의 영이 완전히 육체에서 이탈되지 않았으므로, 영이 되지 않아서 유계(幽界)에도 영계(靈界)에도 들어갈 수 없기 때문에 영계통신이 매우 어렵고, 경우에 따라서는 전혀 불가능한 일도 있다.

자살이라는 죽는 방법은 죽은 이 그 자체에게도 지극히 비참하고 잔인한 것이라고 말할 수 있다.

자살하는 동기에는 각자에게 그럴만한 까닭이 있는 셈이지만 그 동기는 어떻든 간에, 자살이라는 죽는 방법을 쓴 경우 죽은 뒤에도 절대로 영계로 갈 수 있는 일은 없고, 남은 사람들과도 교신조차 할 수 없다는 것을 살아있는 동안에 분명히 알아두어야 한다.

우리는 살아가는 동안에 겪는 고통을 견딜 수 없을 때 죽음이라는 것, 자살이라는 것을 생각하는 일이 있다. 죽고 나면 모든 고통도 사라질 것이며, 평안히 사는 사후의 세계를 얻을 수 있는 게 아닐까——이런 안이한 생각을 하기 때문이다.
　허지만 현실은 전혀 다르다. 자세한 것은 나중에 쓰겠거니와 자살이라는 방법에 의한 죽음에서는 영이 육체로 부터 완전히 이탈할 수 없으므로, 안락한 사후의 세계로 갈 수 없게 된다.
　필자가 지금까지 연구한 바에 의하면 자살한 이와의 영계교신은 몇백분의 일, 혹은 몇천분의 일이라는 지극히 확률이 낮은 것이며, 다음에 소개하는 유명인사나 일반 사람과의 영계교신은 아주 드문 보기 가운데의 하나다.
　그들은 자살한 뒤의 고통과 공포를 말하고 있고, 자살이 잘못된 행위임을 말하고 있다.
　자살한 이 스스로가 말하는 사후세계의 괴로움, 공포는 우리가 주목하지 않으면 안될 것이라고 생각한다. 심령과학의 기본 이론에서 보더라도, 사람으로서 다하지 않으면 안될 천명(天命)을 도중에서 포기하고 끊은 것에 대한 보복으로, 자살한 이의 영은 저승에 갈 수 없으며, 아주 다른 엄격하고, 구원이 없는 사후의 세계로 끌려가지 않으면 안된다.
　그 세계는 지옥 속의 지옥인 것이다.
　하여튼, 우선 자살한 이 스스로가 말하는 무서운 사후의 세계의 모습을 읽어주기 바란다.
　또한 그와 같은 세계로 가지 않기 위하여 아무리 극심한 살아있는 지옥일지라도 참아나가는 방향으로 생각을 돌려주었으면 하는 바램이다.

2. 자동서기로 밝혀진 자살자들의 사후의 세계

죽은 동생으로 부터의 메시지

"악! 이, 이게 뭐야……?"
 잠깐 졸다가 깨어난 미야모또(宮本) 아카리양(17세 가명)은 놀라서 소리쳤다. 아카리양이 쓰다만 보고서 용지에, 자기의 글씨와는 전혀 다른 글씨가 가득 적혀 있는 것이었다.
 "앗, 이건…… 리카의…… 어머니!"
 아카리양은 비명에 가까운 소리를 지르며 어머니를 불렀다.
 "왜 그러느냐. 이런 밤중에?"
 "어머니. 이것 봐요. 이거 리카의 글씨죠?"
 "무슨 소릴 하는 거냐? 리카는 죽었고, 내일이 백일째잖니? 그런데……앗!"
 보고서 용지를 들여다 본 어머니도 놀란 나머지 소리를 질렀다. 아카리양이 가리킨 보고서 용지에 적혀 있는 글씨는 틀림없이 죽은 리카의 글씨였던 것이다. 리카는 특징이 있는 글씨를 쓰고 있었으므로, 곧 알아볼 수 있었다.
 "하지만 어째서 리카의 글씨가……"
 "모르겠어요, 난, 어쩐지 갑자기 졸려서 깜빡 잠이 들었나

봐요. 그러다 잠에서 깨고 보니까. 바로 이 보고서 용지 두장에 리카의 글씨가 적혀 있는 거예요."
 "하지만...... 그 애는 죽었고......"
 하지만 씌여진 글씨를 읽어내려 가면서 두 사람의 얼굴은 사색이 되었다.
 "아버지!"
 어머니와 딸은 자고 있는 미야모또 히카리씨(가명)를 깨웠다.
 "뭐라고! 리카가......"
 미야모또씨도 그것을 읽고는 숨이 막히는 것 같았다. 보고서 용지에는 다음과 같은 내용의 글이 씌여 있었던 것이다.

 검은 꽃과 자갈이 물어뜯는 적막한 계곡

 "언니 미안해! 놀라게 해서. 이건 리카가 보내는 편지예요. 리카는 지금 죽는 게 아니었다고 후회하고 있어요. 내가 지금 있는 곳은 너무 너무 쓸쓸하고 무서워요. 난, 죽으면 아주 아주 아름답고, 즐거운 곳에 갈 수 있는 걸로 믿고 있었어요. 언젠가 언니도 말했지? 사후의 세계란 아주 아름답고 즐거운 곳인 모양이라고.
 허지만 언니! 여긴 너무 너무 쓸쓸한 곳이야. 깊은 계곡같은 곳이예요. 그러나 나무는 한 그루도 없지요. 개울에는 물도 없어요. 여기저기 자갈만 있는 곳에 나는 외톨이로 있어요. 그런 곳을 혼자서 걷고 있는 거예요.
 걸음을 멈추면, 발 밑의 자갈이 나를 물어 뜯어요. 걸어가면 시커먼 시든 꽃을 봅니다. 그 꽃을 만졌더니 물리고 말았어요. 자갈이니 꽃이 나를 물어 뜯는 거예요. 무서워서 무서워서 어떻게 할 수도 없어요.
 언니한테 도움을 청하고 싶어도 여기서는 도움을 받을 처지가 못됩니다. 내가 나쁜 짓을 했으니까 하는 수 없지요.
 앞으로 어떻게 되는 건지 모르겠어요. 걸어가노라면 어딘가에 도착하겠죠……. 죽는 게 아니었어…… 언니……"
 한 장의 보고서 용지에는 이것만 적혀 있었다. 아카리양도 어머니도 소리내어 울었다.
 "불쌍한 리카……"
 미야모또씨도 눈물이 왈칵 솟아올랐다. 두장째의 글을 읽는게 무서워졌다.
 "아버지, 어머니 리카를 용서해 주세요. 죄송합니다. 리카가 어째서 자살같은 걸 했는지 자신도 모르겠어요.
 따분하고 따분해서, 학교에도 가고 싶지 않고, 집에서도 아무 하고도 만나고 싶지 않았던 것 뿐이예요. 어째서 그렇게 됐는지 스스로도 알 수 없어요.
 어머니가 생일날 선물하신 곰인형, 너무 너무 기뻤었어요. 허지만 기쁘다는 말을 할 수 없어서, 그런 모진 말을 하고 말았던 거예요. 죄송합니다.
 리카는 나쁜 애예요. 용서해 주세요. 그렇지만 가능하다면 다시 태어나고 싶어요. 아버지와 어머니의 자식으로…… 허지만 불가능하겠죠.
 그렇지만 만약에 애기가 생기면, 리카의 환생이라고 생각하고 귀여워해 주세요. 부탁합니다. 아버지 어머니 안녕히 계십시오.……"
 미야모또씨도 부인도 말을 할 수 없었다. 눈물이 앞을 가렸다.
 "내일은 모두 리카의 산소에 가자."

미야모또씨는 두 사람을 격려하듯 말했다.
세 사람의 가슴에는 무슨 까닭인지도 모른채 근처 맨숀에서 뛰어내려 자살한 리카의 일이 새롭게 머리에 떠올랐다.
1984년 11월 13일 오오사까(大阪)시에서 일어난 일이다.
"이것은 자동서기(自動書記)라는 현상이며, 리카양의 영이 언니인 아카리양의 몸을 이용해 쓴 편지입니다."
필자의 사무실에 상담을 온 미야모또씨에게 필자는 그렇게 설명을 했다.

국회의원 나까가와 이찌로오씨가 전하는 사후의 고통

"사람은 아무도 믿을 수 없다. 인간에 대한 불신이다. 인간은 모두가 악랄하다. 누구를 믿고 살아야 할지 알 수 없게 되었다. 사람을 믿을 수 없는 정치가, 나는 그렇게는 되고 싶지 않았다. 그러나 정치가 에게는 배신(背信)은 의례 있게 마련이라고들 한다. 하지만 나는 그게 싫었다. 그렇게 되고 싶지 않은 것이다. 그렇게 되면 자신이 너무 비참한게 아닌가! 믿을 수 있는 세계에 와보았으나…….
여기도 또한 무서운 곳이다. 자살자에게는 있을 자리가 없다고 무슨 책에서 읽은 일이 있었으나 정말로 그대로이다. 내게는 자리가 없다. 주워지지 않는다.
나는 지금 불탄 허허벌판 같은 잿더미 속에 있다. 주위에는 망령(亡靈)인지 망자(亡者)인지가 가득하다. 가까운 곳에 죽은 시체가 있다. 그곳은 몹시 아름답고 깨끗한 곳이다. 하지만 나는 그곳에 갈 수가 없다. 보내 주지를 않는 것이다.
내 몸은 불탄 허허벌판의 잿더미 속에 파묻혀 있어서 운신을 할 수 없는 형편이다. 움직이고 싶다. 빠져나오고 싶다.

하지만 그것이 불가능하다. 말로 표현할 수 없는 고통이다.
　이곳에서는 죽을 수도 없다. 앞으로 계속 이 무서운 잿더미 속에 몸을 파묻고 있지 않으면 안되는 걸까…….
　사람을 믿을 수 없어서 스스로 목숨을 끊었다. 그리고 온 세계는 앉을 자리조차 받을 수 없는 비참한 곳이었다…….
　나는 앞으로 영원히 언제고 영계로 갈 수 있을 때를 바라며, 이곳에 있지 않으면 안되는 것이다."

　이것은 〈국회의원·그것도 총리·총재 후보가 자살하다니, 정말 전대미문(前代未聞)의 사건〉이라고 세상을 떠들썩하게 만든 나까가와 이찌로오씨로부터의 영계통신이다.
　이 자동서기에 의한 영계통신도 아주 우연한 일로, 어떤 영능력자에 의해 씌여진 것이다. 누구에게 보내는 것도 아니고, 뚜렷하게 누구에게 전한다는 형식으로 나타난 것도 아니다.
　영능력자가 다른 사람의 초령(招靈)을 끝낸 다음 갑자기 그 손이 움지이기 시작하여 여기에 소개한 영계통신을 쓴 것이다.

수수께끼가 수수께끼를 부른 총재 후보의 자살

　전대미문(前代未聞)이라고 일컬어졌던 나까가와 이찌로오씨의 죽음은, 1983년 1월 9일 혹까이도의 삿뽀르 파아크호텔 10층 자기 방에서 목을 매어 자살을 한 것이었다.
　나까가와씨는 그 전 해에도 한번 자살미수를 일으킨 일이 있었다고 한다.
　이 나까가와 이찌로오씨의 죽음에 대해서는, 처음에는 심근경색(心筋梗塞)으로 인한 죽음이라고 발표되었다. 가족들과 때마침 나까가와씨를 방문한 국회의원에 의해 그렇게 발표되었다. 하지만 이틀 뒤 그것이 은폐 공작을 위한 거짓 발표였고 사실은 자살이었음이 밝혀지고 말았다.

욕실의 유리문에 달려 있는 후크에 잠옷의 허리띠로 고리를 만들고 그것으로 목을 매어 자살을 했다는 것이다.

나까가와씨의 시체를 운반한 사람의 말에 의하면, 흔히 목을 맨 자살자의 시체에는 치아노오제 반응이 나타나거나 침을 흘린다거나, 그러한 특유한 변화가 나타나는데, 동공(瞳孔)이 열려 있고, 맥박, 호흡 기능이 정지되어 있는 외에는 특히 경직도 시작되어 있지 않았고 체온도 있었고 얼굴에도 특별한 변화는 없었다——고 말했다.

목을 매어 자살한 것에 있어서는 '침을 흘린다'는 것으로 가장 지저분한 죽음이라고들 한다. 하지만 나까가와씨의 시체에는 그와 같은 지저분한 부분이 전혀 없었다는 것이다.

전대미문이라고 일컬어진 자살이 왜 이루어졌는가? 유서다운 것이 없다. 따라서 죽음의 원인이 분명치 않다. 정치가로서 또한 총리·총재 자리를 노리는 정치가의 정치활동에서 가장 중요한 정치 자금의 루트를 방해받고 있었다는 소문이 나돌고 있었다. 또한 동지의 배신이 있었다는 말도 들렸다.

자살이라는 최악의 수단을 택한 나까가와씨에 대하여 그 수수께끼를 해명하는 가운데 갖가지 소문이 나돌고 있다.

유서가 없는 이상, 이런 일들은 추측할 수 밖에 없는 셈이지만, 그 추측의 폭을 넓힌 점은 검시(檢屍)가 매우 빨랐다는 점, 그리고 화장하는 조치도 너무 빨랐다는 점에서 비롯된 것이다거물급인 정치가가 어째서 목을 매어 자살하지 않으면 안 되었나?

총재 선거에 출마한 탓으로 십수억 엔(円)의 빚을 졌다. 총재선거에서 낙선된 것은 동지의 배신 때문이다. 혹은 다나까 가꾸에이(田中角營)로 부터 오징어를 만들어 버리겠다는 협박을 받았다. 그 말에 덧붙여, 친소파 국회의원인 나까가와 씨가 공안 관계자로 부터 감시를 받아 왔다…… 이런 따위의 갖가지 소문이 나돌았다.

때를 같이 하여 그가 신뢰하고 있던 비서와의 문제, 가족과의 문제인데, 갖가지 억측이 나돌고 있으나 이것은 영원한 수수께끼로서 남겨질 것이다.

나름대로의 이유가 깔린 억측은 있다. 허지만 그렇다고는 하더라도, 그것은 단순한 억측일뿐 그 이상의 아무 것도 아니다.

하지만 그 이전에 자살미수 사건조차 일으키고 있는 나까가와씨가 최종적으로 그 생명을 끊어야만 했었던 정신적인 고통, 고뇌가 이 영계통신에 분명히 나타나고 있다.

우리 일반 사람에게는 이해할 수 없는 정치가인 탓으로 겪는 괴로움이라는 것이 자살이라는 비상수단에 호소를 하게 했다고 할수 있다.

영계통신으로 죽음의 아름다움을 부정하는 작가 미시마유끼오(三島由紀夫)

1982년 12월 초, 고오베에 사는 모회사 전무 부부가 필자를 찾아 왔다.

어느 여성주간지 편집장의 소개였다. 전무 부부는 필자의 얼굴을 보자마자 느닷없이 질문을 퍼붓는 것이었다.
"선생님이 쓰신 책을 보면 자동서기라는 것이 있다는 걸 알겠습니다만, 실제로 정말 그것이 있는 것입니까? ······아니 있다고 생각하고 싶습니다. 암, 생각하고 말고요. 실은 집사람이 미시마 유끼오로부터의 자동서기로 영계통신을 받은 겁니다. 이런 일을 남에게는 말할 수 없고, 과연 그런 현상이 어떤 의미가 있는 건지 의논을 하고 싶어서 찾아 뵌 겁니다. 다만 이 일은 부디 비밀에 부쳐주셨으면 합니다. 저도 직장 관계로, 또 집사람도 여러 가지 일을 하고 있으므로 비밀로 하시고 이름만은 밝히지 말아 주십시오."
이렇게 말하고, 전무 부부는 가득 글씨가 씌여진 노오트를 내밀었다.
꽤 큰 글씨지만 달필(達筆)이었다.
"다짐을 들입니다만, 이쪽이 집사람의 필적입니다. 자동서기로 씌여진 글씨와 다르다는 걸 이것으로 확인해 주시기 바랍니다."
전무는 그렇게 말하고 부인이 쓴 편지의 글씨를 보여 주었다. 분명히 부인의 육필(肉筆)과 자동서기로 된 미시마 유끼오의 영계통신의 글씨와는 다르다.
영계통신에는 다음과 같이 씌여져 있었다.

〈죽음은 아름다운 것이 아니다, 잔인하고 참혹한 것이다. 나의 죽음은 헛일이었던가? 아니, 그렇지는 않아. 그렇지 않기를 바란다. 알아주는 사람이 있을 것이다.
나의 죽음은 단순한 죽음의 미화(美化)는 아니다. 보다 큰 뜻이 있었던 것이다. 절망했기 때문에 택한 죽음은 아니다. 나의 죽음을 헛되지 않게 해주기 바란다.

일본인에게는 세계 어느 나라 사람보다도 아름답고 강한 마음이 있다. 나는 그 마음에 새삼스럽게 호소하고 싶다. 나의 마음을 알아주기를 바라는 바이다.

인간이 스스로 생명을 끊는다는 것의 의미는 일본인만이 알 수 있을 것이다. 일본인이면 반드시 안다.

나는 지금도 일본인의 미래를 심각하게 생각하고 있다. 일본이여, 일본인이여, 그 때의 중대함을 알지 않으면 안된다.〉

이것이 미시마 유끼오의 영계통신의 전문(全文)이다.

자위대 동부 방면(東部方面) 총감부에서 할복 자살

미시마 유끼오의 할복 자살에 대해 아마 독자 여러분도 잘 알고 있으리라고 생각되지만, 다시 한번 약간만 소개하기로 한다.

1970년 11월 25일 미시마 유끼오는 할복 자살을 하고 있다. 도꾜 이찌게야에 있는 자위대로 쳐들어간 미시마 유끼오와 다떼회의 회원 모리따 힛쇼오(森田必勝)는 자위대 동부 방면 총감부로 침입하고 총감을 인질로 잡았다.

이윽고 발코니에서 격문(檄文)이 뿌려지고, 이어서 현수막을 내 걸었다.

〈다떼회의 회장 미시마 유끼오, 동부 방면 총감을 구속하고 총감실을 점거하다!〉

〈전 자위대원을 집합시키라!〉

〈두 시간 동안은 공격을 가하지 말라!〉

하는 따위의 다섯 가지 요구가 적혀 있었다.

미시마 유끼오는 〈칠생보국(七世韓國)〉이라고 쓴 머리띠를 두르고 있었다. 이것은 미시마 유끼오가 윤회전생이라는 것을 원한 나머지 그렇게 썼다고 생각된다.
 그가 죽는 것으로서 몇 십년이 지난 다음 세대의 일본인의 마음에 윤회전생하는 것을 바랐던 것이리라고 생각된다.
 이윽고 미시마 유끼오는 발코니에 모습을 나타내고, 그곳에서 연설을 하기 시작했다.
 그곳에 모인 자위대원들은 1천명 가까이 되었다고 한다. 미시마 유끼오는 연설을 마친 다음 '천황폐하 만세!'를 세번 부르고 발코니에서 모습을 감췄다.
 10분 뒤에 미시마 유끼오와 다떼회의 회원인 모리따 힛쇼오가 자결했다는 것이 전해졌다.

조숙(早熟)한 천재작가

 미시마 유끼오는 본명을 히라오까 기미다께(平岡公威)라고 하며, 1924년 1월 14일 도꾜 요다니(四谷)에서 태어났다. 태어났을 때 2.4kg 밖에 안되는 작은 아기였다고 한다.
 태어나자 할아버지인 히라오까 죠오따로오(전 가라후토청 장관)가 이름을 지었다.
 다섯살 되던 설날 아침, 붉은 커피같은 것을 토했다. 주치의가 와서 '가망이 없다'고 말했다고 한다.
 캄플과 포도당 주사를 놓았지만 사람들은 그의 얼굴에서 죽음의 그림자를 분명히 보았다고 한다. 하지만 그는 구사일생으로 살아났다.
 여섯살 때에는 이미 읽고 쓰기를 할 수 있었다고 한다. 그는 닥치는 대로 동화책을 읽었다.
 그는 동화책을 읽으면서 이야기에 나오는 공주들을 사랑하지 않고, 왕자만을 사랑했다. 살해 당하는 왕자들, 죽을 운명에 놓여 있는 왕자들을 더욱 사랑했다고 한다.
　이윽고 그는 학습원(學習院) 초등과(初等科)에 들어갔다. 생후 49일째 부터 학습원 중등과로 진학할 때까지, 그는 할머니 곁에서 자랐다.
　열 세살때, 최초의 습작(習作)《스캄보》가 학습원 잡지에 게재되었다.
　열 여섯살의 가을, 소설《백화 만발한 숲》을 국문학(國文學) 잡지에 발표했다. 그때 비로소 그는 미시마 유끼오(三島由紀夫)라는 필명(筆名)을 쓰기 시작했다. 학습원 중등과의 은사(恩師)가 붙여준 이름이었다.
　마침내 1944년 늦은 가을에《백화 만발한 숲》이 첫 단편집으로 처녀출판되었으며, 그 무렵 그는 학습원 고등과를 수석으로 졸업하고 10월에 도꾜제국대학 법과에 입학했다.
　1945년 봄, 그에게 소집영장이 나왔으나 그 날 그는 기관지염에 걸려서 고열이 났으므로, 그것을 늑막염으로 오진 받아 그날로 귀가하게 되었다.
　이 일은 그의 생애에서 어두운 그림자로 남았다고 한다.
　마침내 종전(終戰)이 되었다. 전쟁중 소수의 집단 속에서 천재로 이름을 날린 소년도, 전후가 되자 아무에게서도 작가로 인정받지 못하는 힘 없는 한낱 학생에 지나지 않았다.
　하지만 그는 소설가가 되겠다는 꿈을 버리지 않았다. 그러나 붓 한자루로 세상을 살아 갈 자신도 없었다.
　누구나 생각하듯이 이중생활(二重生活)을 향하여 학업과 창작의 양다리 걸치기를 하고 있었다.
　그런데 다행히도 가와바따 야스나리(川端康成)가 미시마(三島)의《중세(中世)》라는 작품을 읽고 누군가에게 칭찬을 했던 모양이다.

그 사실을 알고 그는 용기를 얻어, 가와바따 야스나리를 찾아 갔다. 가와바따 야스나리는 그 때 가마꾸라 문고의 중역이었으므로 그의 작품은 이윽고 잡지 《인간(人間)》에 발표되게 되었다.

진정 행운의 재출발이었다. 이렇듯 그의 작품은 차례로 여러 잡지에 실리기 시작한 것이다.

그의 그 후의 문학적인 활동은 순풍에 돛을 단 격이었다. 장편소설 《가면의 고백》으로 일약 문단에 지위를 확보한 그는 《사랑의 목마름》《금색(禁色)》이렇듯 차례로 우수한 장편소설을 발표. 또한 《화택(火宅)》《녹명관(鹿鳴館)》같은 희곡(戲曲)도 발표하고 상연도 되었다. 해외 여행도 했다.

귀국 후 《조소(潮騷)》로 신조사(新潮社)문학상, 《흰 나비의 둥지》로 기시다 고꾸시(岕田國士)연극상, 《금각사(金閣寺)》로 요미우리(讀賣)문학상을 받았다.

헌데 이 《금각사(金閣寺)》시기부터 그의 마음 속에는 '죽음의 아름다움'에 대한 바램이 강렬히 용솟음 치고 있었다고 말하는 사람이 많다. 대인관계도 좋지 않고, 사람을 피하게 되었다. 항상 어딘가에 정신을 팔고 있는 일이 있었다고 한다.

왜 할복 자살을 해야만 했을까?

미시마 유끼오에 대해 나다이나다씨는 주간 요미우리에 다음과 같은 글을 썼다.

"그는 할복하는 죽음에 대하여 전부터 도취감을 느끼고 있었다. 허구의 세계에서 그는 그의 분신에게 몇번 그 일을 꾸미게 했는지도 모르고, 영화 속에서 스스로 연기를 한 일도

있다. 허구의 세계에서는 그것을 미시마문학(三島文學)이라
고 인정한 사람도, 그것이 현실적인 것이 되자 오직 놀라고
그리고 얼굴을 돌렸다.
 그는 인간으로서 자기의 내면에 있는 그 자살에 대한 도취
감을 충동적으로 느끼고 있었을 것이다.
 또한 총명한 그는 그것을 허구의 세계에서 미학적(美學
的)인 것을 창조하는 것으로 누르려고 애써 왔으리라고 생각
하지 않을 수도 없다. 하지만 최후의 작품을 완성하는 것으
로, 이제 더 이상은 도저히 쓸 수 없다는 생각에서 그의 예술
은 빗장으로서의 힘을 잃었다고도 생각할 수 있다.
 그는 자주 자신의 있을 수 있는 죽음의 형태에 대해 이야
기 했고, 책에도 썼다.
 그에 의하면 자신의 허구(虛構) 속에서 만든 상황이 자기
주위에 현실의 것으로서 존재하게 될 것이 필요했다."
 이 나다이나다씨의 사고방식에는 미시마유끼오의 '광기
(狂氣)'의 소행이라고 평가된, 저 자위대에서의 할복자살의
원인에 엇비슷이 다가선 것이 있다.
 당시의 사또오 수상은 '천재(天才)와 광인(狂人)은 종이
한장의 차이, 정신이 돌았다고 밖에 생각할 수 없다'고 말했
다고 한다.
 대부분의 언론은 미시마유끼오의 행동을 '광기(狂氣)'라
고 쓰고 '광기에 의한 자살'이라고 했다.
 하지만 미시마 유끼오가 자살하기 전에 취한 갖가지 행동
은, 광인(狂人)이라고는 생각할 수 없는 면밀한 것이 있다.
물론 보통의 광인과는 다른 것을 지닌 천재였는지도 모를 일
이다.
 허지만, 미시마 유끼오가 스스로의 목숨을 끊음으로서 호

소한 〈격문〉의 내용을 얼마만한 사람이 이해했을 것인가?

부처의 큰 발에 짓밟히고 있는 듯한 사후세계

자동서기에 의한 영계통신에서도 알 수 있듯이, 그 자신, 자기의 죽음을 헛되지 않게 하기 위해, 저승에 가서도 간절히 원하고 있다.

또한 자기 자신의 죽음이라는 것이 단순한 죽음의 미화(美化)가 아니라는 것도 말하고 있다.

이 전무 부인의 경우, 영능력자는 아니나, 이와 같은 영적인 작용, 자동서기를 할 수 있는 능력이 강하게 작용하는 사람이라고 말할 수 있다.

필자의 질문에 대해 자동서기에 의한 미시마 유끼오의 대답을 몇가지 소개하기로 한다.

"지금 어떤 곳에 있습니까?"

"부처님 곁이다. 하지만 나는 그 부처님의 큰 발에 짓밟히고 있는 듯한 느낌이다. 잘 보이지 않는다. 보고 싶어도 볼 수 없는 것이다. 그러니까 느끼는 것 밖에 말할 수 없다."

"무슨 하고 싶은 말이 있습니까?"

"하고 싶은 말, 많이 있다. 하지만, 내가 자살에 임해서 말한 것, 작품 속에 써서 남긴 것, 또한 마지막으로 발표한 〈격문〉을 얼마만한 사람들이 이해해 주었을 것인가?

지금 나는 전혀 다른 세계에 오고 말았다. 이 세계에서 또 같은 말을 하여도, 누가 믿어줄 것인가? 믿어줄 사람은 없다. 내가 말하고 싶은 것, 그것은 마음의 문제이다. 내가 말하고 싶은 것, 그것은 나의 죽음을 헛되게 하지 말아달라는 것이다. 그것은 작품 속에도, 〈격문〉에도 분명히 써넣었다. 단순히 죽음을 미화시키느라고 나는 그와 같은 자살을 한 것은 아니다.
일본, 일본인을 진정으로 생각하고, 앞으로의 일본인을, 일본을 생각했기 때문에 그와 같은 행동을 한 것이다."
그 뒤에는 무슨 말을 물어도 대답은 돌아오지 않았다.
할복자살이라는 여느 사람으로서는 도저히 할 수 없는 형태로 생명을 끊는 미시마 유끼오의 강함은 어데서 온 것일까?
물론 알 까닭은 없다.
허지만 필자는 그와 같은 형태의 자살의 길을 택하지 않고 생명을 다하는 방향으로 그 강함을 돌려주었기를 바라는 바였다.
미시마 유끼오에게는 보다 더 강력한 하늘의 힘이 있었다고 믿고 있다.

마리린 먼로에게서 온 영계통신

〈지금 나는 천국에 있습니다. 이곳이 정말 천국인지 어쩐지 모르겠으나 천국이라고 생각합니다. 내가 죽음을 생각했을 때 그렸던 천국과는 꽤 다르지만, 천국일 겝니다. 천국이라고 믿고 있습니다. 천국에서 하느님 곁에 있다고 믿고 있습니다.
하지만 알고 있습니다. 하느님이 나를 용서하시지 않는다는 것을. 나는 커다란 죄를 범한 겁니다. 스스로 그 목숨을 끊는 일은 좋지 않은 일입니다.
나의 주위는 연기가 가득하듯 부옇고 분명하게 보이는 건 아무 것도 없습니다. 하지만 뭔가 나의 주위에 있는, 아니 있다고 하는 편이 났겠지요. 뭔가 있습니다만, 그것이 무엇인지 모르겠습니다.

너무나 숨이 답답하게 될 때가 있습니다. 하지만 아무리 괴롭고, 외로워도 내가 이곳에서 움직이는 것을 하느님은 용서하지 않으십니다.

나는 하느님의 가르침에 어긋날 생각은 없었습니다. 그 때 나는 여느 때와 마찬가지로 약을 마셨습니다. 나는 약때문에 죽으리라고는 생각하지 않았습니다.

아니 거짓말입니다. 여러가지 충격이 겹쳐 있었으므로, 마음 한구석에서 죽을 것을 생각하고 있었습니다. 하지만 그것은 그때까지도 몇번씩이나 있었던 일입니다. 잠에서 깨어나지 않기를 바라고 약을 먹어도 항상 잠이 깨었습니다. 그런데 그 때는 잠에서 깨어나지 못했습니다.

괴로워 했습니다. 나는 자신의 육체가 늙고 시들어 가는게 너무도 무서웠던 겁니다. 좋은 친구들에겐 여러 모로 격려를 받아 왔습니다만, 아무리 좋은 친구들일지라도 내가 늙는 걸 막아주지는 못합니다. 그것은 불가능한 일입니다. 나는 그런 것이 너무도 무서웠던 겁니다.〉

이것은 3년 전, 영국의 영능력자가 자동서기로 쓴 마리린 먼로에게서 온 영계통신이다.

3년 전, 런던에 취재하러 갔을 때 영국에서는 마리린 먼로의 영계통신을 자동서기로 나타낸 사람이 있다는 말을 듣고 그 사람을 찾아 갔다.

그리고는 여기에 소개한 자동서기의 내용을 보게 된 것이었다.

필자는 매우 이상하게 생각했다. 까닭인즉, 필자는 내용이 거의 이것과 비슷한 마리린 먼로의 영계 통신을, 이 영국의 영능력자 에게서 보기 1년 전쯤, 일본인의 영능력자에게 가서 본 일이 있었기 때문이다.

고오베에 사는 그 영능력자는, 영어가 아주 질색이어서 말하기는 고사하고 읽기조차도 전혀 못하는 사람이다. 헌데 어느날 밤 느닷없이 그 사람은 유창한 영어를 쓰기 시작했다. 이윽고 다 쓰고 난 것이 마리린 먼로에게서 온 영계통신이었다는 것이다.

엄밀히 말한다면, 필적 감정을 하여 그것이 정말로 마리린 먼로의 것인가를 확인할 필요는 있을 것이리라. 하지만, 자살을 한 사람에게서 온 영계통신을, 자질구레한 일로 눈에 쌍심지를 돋구기 보다는 솔직히 죽은 이에게서 온 영계통신으로서 받아들이고 싶다고 생각한다.

그와 같은 생각이었으므로, 일본인 영능력자가 마리린 먼로에게서 온 영계 통신을 자동서기로 나타냈을 때, 곧 그것을 공표하려고 하지는 않았다.

또한 그 영능력자에게는 그 자동서기로 나타낸 것을 소중히 보관하도록 일렀다. 그 사람은 지금도 그것을 소중히 보관하고 있다고 한다.

이 영국의 영능력자의 자동서기를 발표한 것은, 그들이 영국에서 이같은 심령 관계의 신문같은 곳에 이미 발표한 바가 있으므로, 필자는 감히 이것을 소개한 것에 지나지 않는다.

아직도 해명되지 않은 자살 원인

마리린 먼로는 1962년 8월 5일에 자살했다. 이 자살의 원인에 대해서는 많은 수수께끼가 남겨져 있고, 지금도 먼로의 유서가 적힌 노오트라든가, 혹은 그녀가 은밀히 보냈던 편지가 발견됐다든가 하는 말이 있다.

이런 먼로의 죽음의 원인이 무엇인지, 물론 지금껏 알 수 없다. 먼로는 고(故)케네디 대통령, 또는 그 대통령의 동생과도 친밀한 사이였다고 한다.

또한 이러한 관계가 어쩌면 먼로가 자살한 게 아니고, 누군가에게 살해당한 게 아닌가 하는 설에 까지 연관되고 있다.

그녀가 비밀경찰에 의해 지워졌다는 것 같은 억측도 나돌고 있고, 그 죽음에 대하여 많은 추측이 나돌고 있다. 하지만 그 어느 것도 뚜렷한 원인은 아니며, 억측의 테두리를 벗어나지 못하고 있다.

헌데, 먼로 전설에서 가장 유명한 것은 '샤넬의 5번이예요'라는 말일 것이다.

어느 기자가 먼로에게 '잠잘 때 무슨 옷을 입습니까?' 하는 질문을 한 것에 대하여 '샤넬의 5번이예요' 이렇게 농담 삼아 말했다는 것이다.

먼로는 건강 그 자체인 것인양 말들을 하고 있었다. 또한 성적인 매력이 강한 육체로 미루어 보아도 지극히 건강한 여성으로 생각하기 마련이다.

육체적으로는 건강했는지도 모를 일이다. 그녀의 신체를 검사한 일이 있는 의사의 말에 의하면 서른 여섯살 가량의 젊은 육체였다고 한다. 나이 보다도 육체적으로는 젊었다고 말했다.

먼로는 항상 수면제를 복용하고 있었다. 이것은 공공연한 비밀이며, 허리우드에서도 먼로가 약이 원인이 되어 지각하고, 결근한다는 것으로 늘 문제를 일으키고 있었다고 한다.

그녀가 수면제를 상습적으로 복용하는 것은 누구나 다 알고 있는 사실이었다.
이런 정신적인 불안정과 수면제 복용은 점점 심해져 가고, 그 때문에 눈에 띄게 육체적인 매력이 시들어 가는 게 나타나기 시작했다.
그와 같은 육체적인 시들어감에 대하여, 먼로는 '내가 늙다니, 그런 걸 생각하는 것만으로도 참을 수 없어' 이런 말을 신경질적으로 외쳤다고 한다.
먼로는 자기가 추한 몰골이 되어 가는 것을 가장 두려워하고 있었던 것이다.
먼로가 군중으로 부터 박수갈채를 받은 것은, 1962년 5월 19일. 다시 말해서 케네디대통령의 생일 축하 파티에서 '해피 버스데이'를 불렀을 때가 마지막이었다고 한다.
정신적인 불안, 그리고 육체적인 쇠퇴(衰退), 거기에 덧붙여 갖가지 정신적인 고통이 겹쳐져, 촬영소에는 무단지각, 무단결근이 계속되는 바람에 1962년 6월, 다시 말해서 자살하기 2개월 전에 20세기 폭스사로부터 계약 파기, 이른바 파면을 언도 받았다.
자살을 꾀한 날 밤인 8월 4일에서 5일에 걸쳐 그녀는 여러 아는 사람들에게 전화를 걸었다. 그 전화를 받은 사람들은 기운이 있는 것 같았다고도, 풀이 죽어 있었다고도 말했다. 전화를 받은 쪽에서 받은 인상으로 말한다면, 그녀의 정신상태는 명암(明暗)의 양극단을 왕복하고 있었음에 틀림없다고 말했다.
또한 그녀는 친구 중의 한 사람에게 건 전화 내용에,
"파트리샤에게 안녕이라고 말해줘. 그리고 대통령에게도 ……"

이렇게 말하고, 이윽고 목소리가 끊기고 수화기가 떨어지는 소리가 들렸다고 증언하고 있다.

먼로는 누구에게 또한, 무슨 일로 전화를 계속 건 것이었을까? 죽음을 두려워하고, 죽음의 공포와 싸우며, 그녀는 친구에게 전화를 계속 걸었다.

물론 자살의 원인을 알 수 없는 것과 마찬가지로, 그 때의 그녀의 심리 상태도 알수 없다.

자동서기에 의해 그녀가 영계에서 보내온 통신에도 그런 것에 대해서는 일체 취급하고 있지 않다.

스스로 생명을 끊는 일이 나쁘다는 것을 알면서도 그것을 택하지 않으면 안되었다는 이유, 원인은 영원한 수수께끼로서 닫혀진 채로 있을 것이다.

3. 초령(招靈)된 자살자들이 말하는 사후세계

목을 매어 죽은 중 2의 효자 아들

"다, 다이찌!"
어머니는 목을 매서 차디차게 식은 아들을 발견하고는 비명소리를 질렀다.
1982년 9월 19일 혹까이도 구시로시 교외에 사는 와따나베 다이찌(渡疫部太一)군 (중2)은 집안 자기 방에서 목을 매고 스스로 목숨을 끊었다.
"왜, 왜 자살같은 걸 했느냔 말이다······."
어머니는 차디차게 식은 아들의 시체에 매달리면서 목을 놓고 울었다.
"낮에 만났을 때도 여느 때와 조금도 다르지 않았는데 말이다······"
달려 온 이웃 사람들도 모두 다이찌군의 자살에 충격을 받고 있었다.
"착한 아이였는데, 어째서 자살같은 걸 한 것일까?"
다이찌군을 아는 사람들은 모두 자살한 동기를 알지 못하여 고개를 갸우뚱거렸다. 그 일은 어머니도 마찬가지였다. 한 시간쯤 전까지 모자(母子)는 이야기를 주고 받았었다.

"너무 약만 먹지 않는 편이 낫지 않을까요?"
어머니는 몸이 약했으므로 계속 병원에 다니고 있었다. 병원에서 받아 온 약을 이것 저것 나누고 있는 어머니를 보고, 다이찌군은 그렇게 말한 것이었다.
"허지만 이 약을 먹고 건강해져야지, 네게 고생만 시키는구나."
"난 고생이라고 생각하지 않아요."
"그래? 고맙구나."
모자(母子)는 그런 대화를 주고 받고 난 뒤, 다이찌군은 자기 방으로 들어갔다. 어머니는 저녁 식사 준비를 하기 시작했다.
준비가 다 되어, 다이찌군을 부르러 간 어머니는 변해 버린 다이찌군의 모습을 발견한 것이었다.
와따나베 집안은 두 사람이 사는 집이었다. 아버지는 2년 전에 교통 사고를 당해 죽었다.
모자는 그 보상금으로 근근히 살고 있었다. 다이찌군에게는 누나가 있었으나, 아버지가 죽기 반년 전부터 행방이 묘연해지고 말았다. 누나는 처자(妻子)가 있는 남자와 종적을 감추고 만 것이었다. 소문으로는 도꾜에서 호스테스를 하고 있다는 것이었다. 집에는 전화 한통, 엽서 한 장도 보내오지 않았다.
중학교 2학년인 다이찌군은 병약한 어머니의 시중을 들면서 학교에 가고, 게다가 신문 배달을 하고 있었다.
학교 성적은 별로 나쁘지는 않았으나, 가정 사정도 있고 하여 본인은 고교 진학을 단념하고 있었다.
다이찌군은 무슨 일이나 말없이 하는 성격으로 어머니에게도 별로 자기의 일을 말하지 않았다. 그런 까닭으로 어떤 원인으로 자살을 했는지, 어머니도 전혀 알 수 없었던 것이다.

남긴 일기로 밝혀진 괴롭힘의 잔혹상

"다이찌 용서해다오……"

다이찌군이 자살을 하고 두달 가까이 지난 뒤, 어머니는 다이찌군이 쓰고 있었던 일기장을 찾아냈다. 이윽고 그 일기장에 기록되어 있는 자살의 동기로 생각되는 것을 읽고 어머니는 눈물을 흘렸다.

일기에는 대략 다음과 같은 것이 적혀 있던 것이다.

X월 XX일

오늘은 학교를 결석했다. 어머니에게는 비밀이다. 학교에 가면 또 싫은 소리를 들을 게 뻔하다. 놈들은 나를 괴롭히는 것을 낙으로 삼고 있는 거다. 놈들은 어째서 내가 미운 걸까…… 학교 따위는 그만 두어버리면 좋을 텐데…… 아버지만 돌아가시지 않았더라면……

X월 X일

놈들은 나만이 아니라 P군도 괴롭히고 있다. 너무 심하게 괴롭히므로 그만 참견을 했다가 매를 맞고 말았다. 같이 때려 주었지만 당할 수가 없다. 이것으로 또 나를 전보다 더 이상으로 호되게 괴롭히겠지. 싫다!

X월 X일

오늘 누나의 일로 괴롭힘을 당했다. 누나가 한 짓은 틀림없이 나쁘다고 생각하지만 그 일로 어째서 나를 나쁘다고 하고 시달려야만 하는 걸까? 놈들은 내 가방 속에 오물(汚物)을 넣었다. 내가 신문 배달하는 집에다, 내 욕을 한 모양이다. 신문을 거절 당하고 말아 꾸중을 들었다. 분하다, 어째서 나를 괴롭히는 걸까? 어머니……

X월 X일
놈들은 마치 누나가 매춘부(賣春婦)나 되는 것처럼 말했다. 용돈을 내놓으라고 했지만, 없다고 했더니 훔쳐 오라고 말했다. 싫다. 죽여도 도적질 같은 짓은 못한다. 교과서를 찢기고 말았다. 제길헐!

X월 X일
또 돈을 내라고 협박 당했다. 없으니까 줄 수 없었다. 배달 신문 10부를 도난 당하고 말았다. 하는 수 없어서 저금한 돈으로 지불했다.

X월 XX일
도저히 못 참겠다. 내 운동복이 찢기고 말았다. 입을 수 없게 되었다. 어머니에게 말하면 걱정하실 테니까 말할 수 없다.…… 아, 싫다, 싫어! 놈들만 없다면 좋으련만.

X월 X일
용기를 내서 선생님께 상담을 했지만, 헛일이었다. 말이 통하지 않는다. 누나, 제발 부탁이니 돌아와 줘. 나 못쓰게 될 것만 같아.

X월 XX일

어머니는 모르고 있지만 벌써 사흘이나 학교에 가지 않았다. 가면 시달리기만 할 뿐이다. 어떻게 해야 좋단 말인가. 신문 배달을 하고 있었는데 희롱을 당했다. 그 때문에 이제 오지 않아도 된다고 하였다. 아르바이트 돈이 들어오지 않으면 곤란하다.

나는 아무 짓도 하지 않았는데 왜 당하는 걸까…… 밉다. 죽이고 싶다. 죽어버리면 어떻게 되는 걸까? 하지만 그렇게 되면 어머니가 혼자가 된다.

X월 X일

하마터면 소매치기의 무리에 들어갈뻔 하였다. 도망쳐 왔다. 난 인제 살아 있다는 게 싫어졌다. 죽어버릴까……어떻하면 죽을 수 있을까……. 내가 죽으면 어머니는 어떻게 되는 걸까?

X월 XX일

놈들의 내게 대한 괴롭힘은 점점 잔인해질 뿐이다. P군도 몹시 시달리고 있다. 학교에 오지 않고 있다. 집에만 있는 눈치다. 싫어, 싫어, 정말 싫다! 살아 있는 게 못마땅하다! 아버지한테 갈까…….

다이찌군의 일기는 여기까지였다. 자살하기 5일 전에서 끝나고 있다.

이승에서의 괴로운 것 이상의 고통에 찬 사후의 세계

"다이찌를 불러 주십시오."
어머니는 영능력자에게 다이찌군의 영을 불러달라고 부탁했다.
"이 아이의 영은 몹시 고통스러워 하고 있어서 좀처럼 실려오지 않습니다."
초령(招靈)하는 영능력자는 몇번이고 되풀이 했다.
다이찌군의 영이 실려온 것은 아홉번째의 초령을 했을 때였다.
"다이찌, 용서해다오. 어머니가 나빴다. 네 고통을 아무 것도 몰랐으니 말이다."
어머니는 울면서 말했다.
"다이찌, 어째서 자살 같은 걸 했는지 가르쳐다오. 그 일기에 쓴 게 사실이냐?"
"그것뿐만이 아냐. 난 인제 자신이 없어진 거야. 아무 것도 하고 싶지가 않아. 그래서 할아버지와 아버지 한테 가려고 생각했던 거야."
"그래서 할아버지 만나 뵈었느냐?"
"만날 수 없어."
"그럼, 아버지는 만났느냐?"
"아직……"
"너 지금 어떤 곳에 있느냐?"
"여기, 지옥이라고 말하는 거 있지, 아주 무서운 곳이야."
"무서워…?"
"응, 그렇다니까, 처음에는 꽃이 가득 있는 곳에 있었지. 그랬더니 큰 형상을 한 사람이 와서 나를 물어 뜯는 거야. 아파서 도망쳤지. 그랬더니 여기로 와버린 거야."
"어떤 곳이냔 말이다."

"그게 말이지, 내 주위에는 큰 칼 같은 게 몇개씩이나 있단 말이야. 그걸 만지면 베게 되거든. 그 칼과 칼 사이를 베지 않게 지나가지 않으면 안된단 말이야. 내 앞에 간 사람은 베고 말았어. 베면 귀신같은 무서운 동물이 달려 와서 잡아먹는단 말야. 조금 있으면 내 차례야.······무서워 죽겠어."

"다이찌야!"

어머니는 영능력자에게 매어달렸다.

"엄마, 안녕히 계세요. 혹시 무사히 지나 갈 수 있으면 틀림없이 아빠를 만나게 될지도 몰라요."

다이찌군의 영은 그렇게만 말하고는 돌아가고 말았다. 다이찌군의 영은 이승에서 무참히 괴로움을 겪은 것 이상으로 고통과 무서움을 사후의 세계에서도 겪고 있는 것 같았다.

배우 다미야 지로오(田宮二郞)의 영(靈)

"1978년 12월 28일에 죽은 사나이의 영을 불러주기 바랍니다."

필자가 그렇게 말하자, 영능력자는 크게 고개를 끄덕이고, 초령(招靈)하는 주문을 외우고, 경(經)을 읽기 시작했다. 한 30분쯤 기다렸을까.

"으으으······"

영능력자는 괴로운 듯이 신음 소리를 내더니 몸을 젖히듯이 뒤로 쓰러졌다.

"다미야 지로오씨의 영이죠?"

필자는 두 세번 다짐하듯이 물어보았다.

"그렇습니다."

"지금 당신이 있는 사후의 세계는 어떤 곳입니까? 말씀해 보십시오."
 "여기는……여기는……"
 오랜동안 말이 끊겼다.
 "그곳은 어떤 곳입니까?"
 "여기는 유계(幽界)입니다. 아주 무서운 곳입니다."
 "어떤 정도로 무섭습니까?"
 "아무도 없습니다. 굉장히 넓은 곳입니다. 하지만 아무 것도 없습니다. 아무도 없습니다. 나 혼자입니다. 걷고 걷고 계속 걸어 갔지만, 아무 것도, 아무도 만나 볼 수가 없습니다. 오직 어데선가 목소리만이 들립니다.
 부처님의 목소리인가요? 걸어라, 영계(靈界)를 향하여 걸어 가라, 죄가 없어질 때까지 걸어 가라 고 말하는 겁니다. 내가 계속 걸어 가고 있는 지면(地面)의 색깔이 두 차례 바뀌었습니다.
 한 번은 피빛 같은 새빨간 지면(地面)이었습니다. 걸어 가고 있는 발이 그 지면에 빠져서 발이 빨갛게 물들어버리는 듯한 느낌이었습니다. 또 한번은 번쩍번쩍 빛나는 은빛 같은 길이었습니다.
 지금 걸어 가고 있는 길은 빛깔도 뭐도 알 수 없는 시커먼 길입니다. 언제까지 계속 걸어가는 건지 나는 알 수 없습니다. 부처님의 용서가 내릴 때까지, 영계에 도착할 때까지 걸어가는 거겠지요."
 "괴롭습니까?"
 "예, 괴롭습니다. 목이 마릅니다. 하지만 아무 것도 마실 수 없습니다. 다리가 장작개비처럼 되어도 걸음을 멈추고 쉴 수 없습니다. 부처님 음성으로 꾸중을 듣는 겁니다. 내가 지은 자살한 죄 때문이라고 하십니다. 용서하실 때까지, 정처 없는 길을 걸어가지 않으면 안되는 겁니다."
 "무슨 하실 말씀은 없습니까?"
 "특별히 할 말은 없습니다. 틀림없이 모두들, 내가 왜 자살을 했는지 모르겠지요. 난 자신에게 지고 만 겁니다. 내 자신을 알 수 없게 된 것입니다. 왜 죽는지, 나도 잘 모릅니다.
 여러가지 억측이 나돌았었겠지요. 그 억측들이 모두 어긋났을 겝니다. 나 자신이 왜 자살을 하고 말았는지 모르니까요.
 아내와 자식에게 미안한 일을 했다고 생각하고 있습니다. 죽는 게 아니었는데……. 하고 싶은 일, 하지 않으면 안될 일이 많이 있었는데…. 지금의 내가 하지 않으면 안될 일이란, 저지른 죄를 부처님께 사죄하는 일입니다. 모든 사람을 지켜줄 수 있게 되는 일입니다.……"
 여기서 말이 끊기고 말았다. 그렇게만 말하고 다미야 지로오의 영은 유계로 끌려가고 만 것이었다.

산탄총(散彈銃)으로 자살한 TV의 인기 스타

 다미야 지로오(田宮二郞) — 아직도 기억에 생생한 사람이 많으리라고 생각되지만, 젊은 사람들은 모르는 사람도 있을지 몰라서, 다미야 지로오가 자살한 것에 대하여 조금 소개해 보려고 한다.
 그는 학습원대학 경제학부에 재학중, 미스터 일본에 뽑혀 다이에이(大映)에 입사했다. 〈검은 시주차(試走車)〉〈악명(惡名)시리즈〉로 인기를 얻었으나, 〈불신시대(不信時代)〉라는 영화 광고에 이름이 실리는 순서로 회사측과 문제가 생겨 회사를 그만 두었다.

그 뒤로는, TV의 퀴즈 프로의 사회와 드라마로 활약을 했다. 후지TV의 〈흰색의 큰탑〉이라는 연속극이 마지막 작품이 되고 있다.

1978년 12월 28일, 마후(麻布)의 호화저택에는 주인인 다미야 지로오만이 있었다. 부인하고는 반년 전 부터 별거중이어서 두 애들도 마후에는 없었다. 같이 살고 있던 어머니는 그 날 아침에 근처 병원에 입원을 하였다.

파출부는 다미야의 심부름으로 점심 준비를 하려고 외출을 하였다. 그 사이에 일어난 사건이었다.

미남 스타로 이름 난 다미야 지로오는 침실의 침대 위에서, 애용하던 크레에사격용 산탄총의 총구를 왼쪽 가슴에 대고, 발가락으로 방아쇠를 당긴 것이었다.

마후(麻布) 경찰서에서 검시한 결과, 시체의 상황으로 보아 자살로 판단이 되었다. 침실의 옆방인 서재에서 자살을 암시하는 일기장과 처자에게 보낸 여덟통의 유서가 발견되었다.

그당시 다미야는 사업열에 들떠 있었다. 만나는 사람마다 갖가지 꿈을 정열적으로 말했다고 한다. 이를테면, 일불합작영화(日佛合作映畵)의 제작, 죠오후(調布)의 다이에이(大映) 촬영소의 매수, 12채널(현재 TV도꾜)과 TBS의 사주(社主)에 대한 꿈, 세계 인형관(人形館)의 건설, 퉁가왕국의 석유개발, 자동차용 전화의 새 회사 설립, 무공해연료의 개발, 시멘트의 수출 등등, 배우라는 직업과는 전혀 관계없는 분야의 일을 생각하고 있었다고 한다.

또한 거액의 빚에 몰리고도 있었던 것 같다. 그 액수는 어디까지나 억측 보도이긴 했으나 억단위(億單位)의 것으로 전해지고 있었다.

다미야지로오는 애처가로서 유명했다. 결혼한 건 1965년으로, 그 당시 다이에이에서 공연한 미녀 배우인 후지유끼고(藤由紀子)와 열렬한 사랑 끝에 맺어진 것이다.

헌데 1973년, TBS의 〈하얀 그림자〉라는 드라마에서 야마모또요오꼬(山本陽子)와 공연한 뒤, 둘 사이가 뜨거운 사이라는 소문이 자주 나돌기 시작했다.

이 사실에 대해서는 굉장한 억측에 의한 기사가 실렸고, 훨씬 뒤에까지도 그 일이 소문으로 나돌았다.

다미야 지로오가 자살한 배경에는 갖가지 문제가 있었다. 부인은 유서를 공개한 기자 회견 석상에서 소문의 금전 문제니 부부 불화설 같은 모든 억측들을 부정하고, 어째서 죽었는지 아직 까지도 모른다고 주장을 한 것이었다.

아내에게 남긴 유서

다미야 지로오는 아내에게 대략 다음과 같은 유서를 남겼다.

〈나는 결혼한 뒤, 정신없이 일만 했다. 경제적으로 아무에게도 불안감을 안겨주지 않게 하고 싶었기에, 사실은 소박하고 다정한 삶의 방법도 있었을 터였는데, 그것을 알면서도 일하는 것에서만 삶의 보람을 느낄줄 밖에 모르는 인간이 되고 말았다.

항상 소심(小心)한 성격으로 힘겹게 살아 가는 나의 모습. 이제 나 자신도 이런 나를 감당할 수 없는 곳까지 오고 말았다. 산다는 것이란 괴로운 것이군.

죽음을 각오하는 일이란 정말 무서운 일이요.

마흔 세살까지 살아서 적당히 꽃도 피우고, 이 이상의 행복은 없으리라고 스스로 생각하오.
 다미야 지로오라는 배우가 조금이나마 작품 속의 주인공을 연기할 수 있었다는 것이 나로서는 이상한 일이요. 그렇게 생각되지 않소?
 병으로 쓰러졌다고 생각해 주기 바라오. 사실 병인지도 모르오. 그렇게 생각하고 단념해 주기 바라오.
 죽음은 모든 걸 해결하는 것은 아니지만, 무(無)와 같게 하는 것입니다.
 마지막으로, 부부의 인연을 끊는 나를 용서해 주시오. 나무아미타불〉

 남긴 유서만으로는 다미야 지로오의 자살한 원인은 분명하지 않다. 수수께끼를 안은 채 라고 말할 수 있을 것이다.
 자살을 결심한 인간이 쓴 유서는 이로정연(理路整然)한 글이 써질 까닭이 없다. 하지만 그 때의 마음은 써서 남길 수 있다.
 다미야 지로오의 유서에는 혼란한 속에서 감정을 열심히 억누르며 마음만을 써 남겼다고 필자는 생각한다.
 죽음을 각오하는 것에 대한 두려움, 하지만 그것을 각오하지 않으면 안되는 괴로움, 또한 죽음이라는 것이 모든 것을 해결하는게 아님을 알면서도, 자살의 길을 선택하지 않으면 안되었던 인간 다미야 지로오가 남긴 수수께끼.
 다미야 지로오가 영능력자를 통하여 말하고 있는 가도 가도 끝이 없는 길을 계속 걸어 가는 사후의 세계에서 당하는 그 괴로움. 그 일을 하는 것으로 스스로의 죄가 용서받게 되기를 바라면서 그는 계속 걸어 가고 있을 것이다.

전 올림픽 입상자의 자살에 얽힌 수수께끼

도쿄올림픽(1964년)으로부터 4년 뒤인 1968년, 마라톤에서 3위로 입상한 쓰부라야 유끼요시(円谷幸吉) 선수가 서사시(敍事詩)와 같은 유서를 남기고 자살을 했다.

그 뒤로도 자살한 것은 아니지만 몇사람이나 되는 올림픽 참가 선수가 병으로 사망하고 있다.

1981년에는 넓이뛰기 선수가 뇌경색(腦梗塞)으로, 1982년에는 3000미터 장애물 경기의 사루와따리선수가 심부전(心不全)으로, 체조의 금메달리스트가 위암으로 사망했다.

또한 1983년 9월에는 금메달을 획득한 남자 배구선수가 위암으로 세상을 떠났다.

이윽고 같은 해 10월 14일 여자 80미터 장애물 경기에서 5위로 입상한 요다이꾸꼬(依田郁子)가 목을 매어 자살했다.

도쿄올림픽에서 입상한 두 선수가 꼭 같이 자살을 한 것이다. 그 어떤 인연일까?

요다 선수의 자살에 대하여 올림픽에 참가한 일이 있는 선수의 한사람은 '오륜망령(五倫亡靈)에 졌기 때문'이라고 했다.

〈18년 동안 싸웠지만 지쳤다〉고 쓴 메모를 휴지통 속에 남겼을 뿐, 요다 선수는 스스로의 목숨을 끊었다.

그날, 다시 말해서 1983년 10월 14일, 요다 선수는 여느 때와 조금도 다르지 않았다고 한다. 오전 5시가 지나서 일어나 아침 식사를 준비하고, 화초를 돌보고, 남편과 애들을 보냈다. 다른 날과 조금도 다를 바가 없었다.

헌데 저녁 6시 조금 지나서 그녀는 대들보에 남편의 넥타이로 목을 맨 것이었다.

이 12시간 동안에 그녀는 무엇을 생각하고, 무엇을 괴로워한 것이었을까? 무엇이 그녀를 자살로 몰고 간 것일까?

모든게 수수께끼이다.

요다 선수를 아는 사람은 모두 그녀를 '노력하는 사람'이라고 평가했다.

"아무리 힘든 연습을 시켜도 군소리 한마디 없이 해내고, 실력을 길러 갔었다. 그 지기 싫어하는 성격이 역(逆)으로 나타난 일도 있었다."

요다 선수를 경기자로서 키운 은사는 그렇게 말하고 있었다. 실은 은사가 말한 역(逆)이란, 로마 올림픽의 대표선수 명단에서 빠졌을 때의 일로, 그때 그녀는 자살미수 사건을 일으켰던 것이다.

"그렇게 할려면 집어치워!"

은사에게 이렇게 호된 꾸중을 들은 그녀는 자살을 꾀하려고, 수면제 80알을 가지고 가나가와껭(神奈川縣)의 사가미 호수로 가서 보트를 탄 뒤 우선 40알을 먹었다.

혼수상태가 되어 3시간쯤 지났을 무렵, 꿈속에서 '이꾸꼬(郁子)야 죽으면 안된다'하는 어머니의 목소리를 들었다. 이윽고 정신이 번쩍 났고, 그 때는 자살할 것을 그만두었다고 한다.

요다 선수의 완전주의와 결벽증이 자살의 밑거름이 된 게 아닌가 하는 사람도 있었으나, 직접적인 동기는 병고(病苦)였다는 게 경찰이나 매스컴 등 일반에서 수긍하는 바였던 것 같다.

그녀는 1971년 부터 4년 동안 아이찌껭 도요다시에 살고 있었으나, 그때 체조를 지도받던 중 오른쪽 무릎의 안쪽 인대에 손상을 입었다.

무릎아래가 넓적다리 만큼 부어올라 몹시 아팠었다고 한다.

수술을 하기로 했으나 마취를 한 단계에서 심근경색(心筋梗塞)의 증상이 나타났다.

그 뒤의 검사에서 심장 쪽은 괜찮다고 판단되었으나 수술은 하지 않은 채 퇴원하고 말았다.

사람에게 있어서 그 사람이 가장 자신을 갖고 있는 것이 못쓰게 되기 시작하는 일이란 가장 큰 충격이 아닐 수 없을 것이다.

요다 선수도 그런 사람 가운데의 하나였는지 모를 일이다. 전 올림픽 선수라는 무거운 간판에 덧붙여 아내로서 어머니로서 살아가는데, 육체적인 손상은 대단한 장해가 되었다. 더군다나 완전주의 성격이고 보니, 더 없이 견딜 수 없는 일이었음에 틀림이 없을 것이다.

올림픽의 영광을 위해선 선수의 인간성도 자칫 못쓰게 되기 쉬우나 요다 선수는 노력으로 견디어 왔던 것이다. 그리고 올림픽에서 자신의 모든 것을 불태워버리고, 팽팽히 당겼던 긴장의 실이 끊어진 것이다.

그런 탓으로 빈 껍질만 남은 형상이 되고 말았다. 그와 같은 일이 커다란 원인이라고 보는 경향도 있다. 만약 그렇다고 한다면, 올림픽이 끝난 뒤 19년이란 세월은 너무 긴 것이 아닐런지?

요다 선수가 입원중에 은사에게 보낸 편지에는 결혼생활에 대한 것, 가정환경에 대한 것이 씌여 있었다고 한다.

'죽은 자는 말이 없다'는 말과 같이 요다 선수의 자살의 직접, 간접적인 원인은 영원히 수수께끼일 것이다.

주위 사람들의 생각은 단순한 추측에 지나지 않는다. 오직 몇 사람의 올림픽 참가 선수가 자살이나 병사(病死)를 하고 있는 것에 수수께끼를 푸는 열쇠가 숨겨져 있을지도 모를 일이다.

도저히 상상도 안되는 고통의 사후(死後)

영능력자의 몸에 빙의된 요다 선수의 영은 태연했다.
"요다 이꾸꼬님이죠?"
"예 그렇습니다만."
"듣고 싶은 게 있습니다만……"
"무슨 일일까요? 말할 수 있는 게 아무 것도 없는데요… 조용히 잠 자게 내버려 두세요. 조용히 잠자고 싶습니다."
"잠깐만이라도 좋으니 말씀해 주십시오. 지금 당신은 어떤 곳에 계신 것입니까?"
"그……그건…"
요다 선수는 말을 못하고 말았다. 잠시 침묵이 흘렀다.
"어떤 곳입니까?"
"결코 좋은 곳은 아닙니다. 나는 가시가 가득 돋친 넓은 돌 위에 앉아 있습니다. 설 수도 걷는 것도 허락받지 못하고 있습니다. 돌 주위에는 꽃이 가득 있습니다만 모두 시들어 있습니다. 꽃잎도 줄기도 잎도 모두 새까맣습니다.
그 시든 꽃에 보기 흉한 모습의 벌레가 가득 달려 있습니다. 그 벌레는 뭔가 말을 지껄이고 있는 것 같습니다만, 무슨 말을 하고 있는지 모릅니다.
이따금 멀리 하얀 연기 같은 것이 서리고, 그 안에서 부처님 같으신 모습을 한 사람이 나타났다가는 사라지곤 합니다. 그 모습이 나타나고 있을 때는 몸이 몹시 가벼워집니다. 하지만 그것이 사라지고 나면 돌 안으로 끌려 들어가는 것처럼 무거워집니다."
"지금 어떤 기분입니까?"
"말하고 싶지 않습니다. 말해도 소용이 없습니다. 자기가 저지른 일이니까요.……"
"후회하고 있군요."
"……그렇다마다요……달리 사는 방법도 있었을 텐데 말예요…… 나로서는 그런 생각이 떠오르지 않았던 것입니다."
"뭐든 하고 싶은 말이 있습니까?"
"없습니다. 있어봤자 별 수 없거든요."
"당신처럼 자살하는 사람을 어떻게 생각하십니까?"
"나로서는 아무 말도 할 수 없습니다. 내가 택한 방법이 설령 옳았건 잘못됐건 말할 수 없습니다. 말할 수 있는 것은, 지금 내가 있는 곳이 살아 있을 때에는 도저히 상상도 할 수 없는 괴로운 곳이었다는 것입니다. 그 고통을 견뎌내지 못하면 성불(成佛)할 수 없습니다."

이렇게만 말하고, 요다 선수의 빙의령은 영능력자에게서 이탈하고 말았다.

현실세계에서는 영광의 사람이긴 하였으나, 사후의 세계에서는 자살한 죄가 용서받게 될 때까지 괴로움에 계속 시달리지 않으면 안되는 것 같았다.

이런 일은 쓰브라야 요시유끼 선수에게도 마찬가지라고 할 수 있겠다.

수수께끼의 유서를 남기고 자살한 배우 오끼마사야

1983년 7월 28일, 미남 배우로서 인기가 있었던 오끼마사야가 도꾜 신주꾸에 있는 게이오 프라자호텔 47층에서 약 150미터를 뛰어내려서 자살을 했다.
 이 오끼마사야는 1952년 오오이따시(大分市)에서 태어났다. 사업의 실패로 부모가 이혼한 가정에 염증을 느껴 1968년 중학교 3학년 때 집을 뛰쳐나와 상경을 했다.
 그뒤 우에노의 라면가게에서 아르바이트를 하고 있는데 스카우트되어 이께부꾸로(池袋)에 있는 빠 '그레에'의 바텐이 되었다.
 이 술집은 도꾜에서도 호모섹슈얼 손님이 많은 술 집으로 특수한 존재로서 알려져 있었다.
 1973년 배우가 되고 싶다는 소망이 이루어져 마침내 데뷔하기에 이르렀다.
 그의 일은 매우 실속이 있었다. 오오사까 가부찌자의 공연도 그 해에 정해져 있었고, TV드라마〈가모다(蒲田)행진곡〉이니,〈오꾸(大奧)〉에도 출연하고 있었다.
 특히 자기 자신의 죽음과 배역상에서의 죽음의 방영 날짜(6월 28일)을 겹치게 만든〈오꾸(大奧)〉의 이에미쓰(家光) 역은 호평을 받았다.
 오끼마사야를 잘 알고 있는 관계자는,
 "그는 자기가 연기자로서 사람들에게 꿈을 주지 않으면 안된다는 미의식(美意識)이 매우 강했었다. 미남 배우는 팬 앞에서는 모든 것에 완전하지 않으면 안된다는 것이 그의 미의식(美意識)이었다."
 이렇게 말하고 있다.
 오끼마사야는 '아버지, 열반(涅槃)에서 기다리고 있다'는 유명한 말을 써서 남기고 자살을 했으나, 그 때가 바로 서른한살이었다.

경비원의 제지를 뿌리치고, 뒤로 던져진 몸은 7층의 수영장 가의 장식 타일에 떨어졌다.
떨어진 거리는 대략 150미터는 되었다. 그래도 유체(遺體)는 벌렁 누운 상태였으므로 얼굴은 깨끗했다고 한다.
그는 자살하기 이틀 전에 20만엔(円)의 현금을 가졌고, 운동복 차림으로 남아오야마(靑山)의 자택을 나간채 행방이 묘연해지고 말았다.
행방불명이 되어 있던 이틀 동안, 그는 자살을 결행한 게 이오프라쟈호텔에 묵고 있었음이 판명되었다.
이 호텔에 그는 몇 사람인가 여성을 불렀다고 한다. 그 중에서도 특히 그가 마음에 든 것으로 보이는 A양은 다음과 같이 말하고 있다.
첫날에 둘만이 되었을 때, 그는 정신적인 것만을 이야기하였다. 테이블 위에 성경과 불경이 있었고, 일련종(日蓮宗)이니 진언종(眞言宗) 같은 종교적인 이야기만 했다고 한다.
그는 A양에게,
"스스로 자신을 가져요."
이렇게 몇 차례나 격려의 말을 해주었다. 그당시 A양은 어떤 사정으로 낙담하고 있던 걸 그에게 말했기 때문이었다.
그날은 헤어지고, 다시 다음 날 그녀에게 직접 전화가 걸려 왔다. 그녀는 가보았으나 특히 달라진 분위기는 없었다고 한다. 그 날도,
"자기 스스로에게 자신을 갖지 않으면 안돼."
이런 말을 몇번인가 되풀이 하여 말하고는,
"나는 보통 사람이 사는 것의 두 배는 살았다. 벌이도 두 배 있었고, 열심히 살았다. 내가 행복해 질 때가 되면, 너를 또 지명할께."

이런 수수께끼 같은 말까지 했다고 한다.
A양을 돌려 보낸 뒤, 그는 유명한 유언서를 쓴 것 같다.

〈프라자호텔 귀중
대단히 죄송하고, 용서를 바랍니다.
쓰까고오헤이님, 귀하의 성(姓)씨 쓰까를 사용한 저를 용서해 주십시오.
사람은 병 든다. 언제고 늙는다. 죽음을 면할 수는 없다. 젊음도, 건강도, 살아 있는 것도, 무슨 의미가 있다는 것인가.
인간이 살아 있다는 건, 결국 무엇인가를 구하고 있는 것에 지나지 않는 것이다.〉

이것이 편지지의 겉에 씌여 있었다. 그리고 그 편지지의 뒤에는, 유명한 말이 된 〈아버지, 열반(涅槃)에서 기다리고 있다〉 이 말이 적혀 있다.
오끼마사야의 자살에 대한 수수께끼는 그대로 남아 있다. 양부(養父)와의 관계를 끊기 위해서였다는 둥, 혹은 미남 배우로서 그 정신적, 육체적, 특히 육체적인 면에서 쇠퇴할 것에 대한 불안감이 그를 죽음으로 몰고 간 게 아닌가 하는 그런 갖가지 소문이 나돌고 있다. 또한 자살을 함에 있어서 쓴 유서에 어째서 불교 용어를 썼는지, 어째서 부른 '여성'에게까지 불교 이야기를 하였는지, 물론 이런 모든 것들이 수수께끼에 싸여 있는 것이다.
미남 배우로서 항상 유지하지 않으면 안될 미의식(美意識)이, 그를 죽음으로 몰고 간 것일까, 나이와 함께 늙어가는 자신의 육체적인 현상에 대한 그 자신의 번민에서 비롯된 자살이었을까——사실을 알 수는 없을 것이다.

마음에 걸린 생체 자기파(生體磁氣波)

오끼마사야와 필자는 두번쯤 만난 일이 있다. 배우인 호세끼다까노부 부인을 따라온 그를 만난 것이다.

때마침 필자가 호텔에서 일을 하고 있을 때여서, 호텔의 다방에서 호세끼 부인과 셋이서 만났다.

그 때의 필자의 솔직한 인상으로서는 그다지 생명력이 강한 인간으로는 보이지 않았다. 선(線)이 가는 느낌이 들었다. 물론 미남 배우니까 나름대로의 특징은 있다. 하지만 말을 하는 배우로서는 말 끝이 사라지는 듯한 말투가 마음에 걸렸다. 배역 중에는 역(役) 중의 인물이 되어서 쓰는 말투는 있을 것이다. 하지만 개인적으로 말을 할 경우에, 말끝이 기어드는 것 같아서 그런 것이 마음에 걸렸다.

또한 그의 얼굴과 몸 전체에서 내뿜는 생체자기파(生體磁氣波), 심령력(心靈力)이 약하고 희미한 게 뚜렷이 느껴졌다.

두 차례 만나서, 두 차례 모두 같은 인상이었으므로, 그 일을 필자는 호세끼 부인에게 분명히 알려 주었다.

특히 손에서 생체(生體)자기파를 취했을 때 나이에 비하여 자기파의 힘이 지극히 약하다는 것을 말해 주었다. 하지만 그것이 자살이라는 죽음에 이어지는 것이었는지 아닌지는, 물론 필자에게도 알 수 없었다.

오끼마사야가 자살한 지 49일이 지난 무렵이었다. 호세끼 부인에게서 연락이 오기를, 그의 양아버지인 히가게씨가 어떻게든 꼭 필자를 만나고 싶어한다는 것이었다. 그래서 필자는 히가게씨가 청하는 대로 남아오야마에 있는 맨션으로 찾아갔다.
 으리으리한 제단(祭壇)에는 새 꽃이 장식되고, 웃는 얼굴의 사진이 있었다.
 "어떻게든 오끼를 성불(成佛)시켜 주고 싶습니다. 가장 좋은 성불하는 방법을 가르쳐 주십시오."
 히가게씨는 그렇게 하소연 했다. 여러가지 이야기를 들어보니 온갖 방법으로 공양(供養)을 했던 것이다.
 이윽고 필자는 이같은 자살같은 죽음으로 성불하지 못한 영을 정화(淨化)시키고 공양하는 방법 몇가지를 히가게씨에게 이야기해 주었다.
 그때 필자는 히가게씨에게,
 "도대체 그가 자살한 진짜 원인은 무엇입니까?"
 하고 물어보았다. 잠시 생각에 잠겨 있던 히가게씨는,
 "도저히 알 수 없습니다. 일도 순조롭게 잘 되어 갔고, 특히 이렇다 할 고민거리는 없었던 게 아닌가 생각됩니다. 세상에서 흔히 말하는 나 하고의 특별한 관계라는 것도, 그런 거 없습니다. 어째서 그런 방법으로 죽었는지, 알 수 없습니다. 그게 오끼의 숙명이었을까요?……"
 한시간 정도 머물다 필자는 그 곳에서 나왔다.
 그런 경위도 있고 해서, 필자는 어느 영능력자에게 오게마사야의 영을 초령(招靈)시켜 보기로 했다.

열반과는 동떨어진 멀고 적막한 무서운 세계

 "왜 자살했지?"
 "말하고 싶지 않아. 사람이 사는 방법중의 하나라고 생각한다."
 "후회하지 않나?"
 "후회하지 않아. 지금은 빨리 성불하고 싶을 뿐이야."
 "지금 있는 곳은 좋은 곳인가?"
 "좋을 리 없지, 매우 적막한 곳이야."
 "누군가 만났나?"
 "아니, 아무도. 인간 비슷한 자는 만나지 않았어."
 "어떤 곳이지?"
 "글쎄…이런 곳은 현실 세계에는 없으니까 비유해서 말할 수 없지만 굳이 비유한다면 동굴 같으면서도 그렇지 않아. 그렇지 않다는 것은, 여기서 주위가 잘 보인다는 거야. 불 탄 벌판 같은 곳이 잘 보이지. 눈 뜨고 볼 수 없는 추한 시체가 가득 딩굴고 있는 것처럼 보이지만, 그 곳에는 갈 수 없고, 가고 싶지도 않아.
 내 몸은 뭔가 모르는 것으로 짓눌리고 있는 것처럼 갇혀 있는 거야. 몸이 움직여지지 않아. 하얀 종이 같은 것이 눈 앞에서 하늘거리고 있을 따름이야."
 "성불할 수 있겠나?"
 "성불할 도리가 없지. 열반으로 가야 할텐데…. 하지만 움직일 수 없으니, 갈 수 없을 거야. 갈 수 없으니까, 영원히 성불할 수 없다고 생각해……"
 "뭔가 하고 싶은 말은?"
 "날 내버려 둬 줘, 비참해진단 말야. 나는 나름대로 좋다고 생각한 일을 했던 것 뿐인 거야. 내가 나라는 것을 증명하기 위해 한 짓일 거야. 언제든 성불이 될 날이 있겠지. 후회하고 있다거나 그런 게 아니야……"
 오끼마사야의 영은 그 말만 하고는 침묵이 계속되고, 무슨

말을 물어보아도 대답하려고 하지 않았다.

자살이라는 무참하고 비참한 죽음을 선택한 미남 배우 오 끼마사야. 그가 유언으로 쓴 '열반(涅槃)'이 어떤 것인지, 또한 진정으로 그가 열반이란 것을 다소나마 종교라는 걸 알고서 쓴 말이었는지에 대해서는 이제 와서 알 도리가 없다.

역시 섬세한 일면을 지닌 그의 마음 어딘가에 저승이라는 것, 미남 배우로서의 미의식과 함께 죽음에 대한 미화의식(美化意識)이 잘못된 형태로 존재하고 있었던 건 아닐런지…… 그 결과 잘못된 죽음의 방법을 취하고만 것은 아니었던 것일까?

그런 까닭으로 받는 사후세계에서의 고통은 보통 형태로 죽은 사람의 몇 십배, 몇 백배일지도 모를 일일 게다. 하지만, 그가 외로움과 고통을 견디고 유서에 남긴대로 열반에 갈 수 있게 된다면, 나름대로 성불하는 방법이 주어질런지도 모를 일이라고 생각된다.

투신 자살한 노배우 오오또모 류우따로오

1985년 9월 27일, 도꾜 남아오야마의 맨숀 풀밭에서, 이 맨숀에 사는 배우 오오또모 류우따로오씨가 죽어 있는 걸 지나가든 사람이 발견했다.

아까사까 경찰서의 조사에 의하면, 오오또모씨는 최근 노이로제 증상으로 같은 맨숀(7층 건물)의 옥상에서 높이 1.2미터의 울타리를 뛰어 넘어 투신자살을 한 것 같다는 것이다.

오오또모씨는 이다니주우조오가 감독하는 영화〈민들레〉의 촬영에 들어갔으나, 작년쯤 부터 노인성 치매 증상이 나타나, 이 증상을 몹시 걱정하고 있었다고 한다.
 자살을 했을 때, 오오또모씨는 밤색 셔쓰에 곤색 바지의 평상복 차림이었다.
 오오또모씨는 3, 4년 전부터 당뇨병 등으로 입원·퇴원을 되풀이 하고 있었으나, 이날 아침 1층의 관리실로 벨트를 손에 쥐고, '지하 1층의 창고 문을 열어 줘요' 하고 부탁했다고 한다.
 관리인의 안내로 창고에 들어간 오오또모씨는 천정을 쳐다보는 등 행동이 수상했으므로, 관리인은 곧 부인에게 연락하여 자기 방으로 돌려 보냈었다.
 그런 다음 부인이 전화를 걸고 있는 틈을 타서 오오또모씨는 옥상으로 올라간 것 같았다.
 오오또모 류우따로오씨는 1930년, 시고꾸 마쓰야마(松山)의 중학교를 졸업하자마자, 신국극(新國劇)에 들어갔고, 1937년 신흥 키네마 교또촬영소로 옮겨가 영화계로 들어갔다. 예명은 스승인 다쓰미 류우따로오(辰巳柳太郎)의 이름에서 따서 지은 것이다.
 그 뒤, 다이에이 도오에이(東映)로 옮기고, 외곬으로 시대극 스타의 길을 걸어서 도오에이 무술 영화의 황금시절에서 한몫을 단단히 했다.
 일본에서 최초로 제작된 시네마스코프 영화 〈봉성(鳳城)의 신부〉에 주연한 것을 비롯하여 〈우문포물첩(右門捕物帖)〉〈당게사젠(丹下左膳)〉〈쾌걸흑두건(快傑黑頭巾)〉시리이즈 등등, 성공한 역은 수 없이 많고 크고 온유한 눈과 약간 혀짧은 듯한 독특한 대사 연기로 폭 넓은 팬을 획득하고 있었다.
 무술 영화가 쇠퇴한 뒤에는 TV계로 진출하여 1980년

NHK에서 방영된 아침연속극 〈낫짱의 사진관〉이니, 1982년의 〈신 도오꾜오 이야기〉같은 것에도 출연했다.

또한 민방(民放)의 〈북쪽 나라에서〉에서도 악역을 잘 소화시키는 등 최고참 배우중의 한사람이면서 해마다 새로운 경지를 개척하고, 최근에도 정규프로를 담당할 만큼 '팔리는 배우'였었다.

영화는 1985년 10월에 공개 예정이던 도오호오(東寶) 영화 〈형사 이야기 검은 파도의 시(詩)〉가 마지막 작품이 되었다. 필자는 오오또모의 팬의 한 사람이다.

그의 독특한 대사 연기가 말할 수 없이 좋았고, 역을 소화해 내는 독특한 연기가 너무 좋은 것이었다.

〈당게사젠〉같은 옛날 영화를 곧잘 보았다. 〈우문 포물첩〉의 독특한 〈포물〉의 연기는 정말 매력적이었다.

그런 일도 있고 하여, 백일이 지났을 때 영능력자에게 오오또모의 영을 초령(招靈)하도록 부탁했다.

이곳은 끔찍한 곳이야, 괴롭고 외로워

"오오또모 류우따로오씨죠?"
"그렇습니다. 당신은 누굽니까?"
"팬의 한 사람입니다. 몹시 애석하게 생각하고 있습니다."
"그렇습니까? 고맙소."
"실례지만, 왜 자살을 한 겁니까?"
"왜? 글쎄… 어째서 자살을 하지 않으면 안되었던 것일까……괴로웠던걸 게야…… 자신이 자꾸만 늙어 가고……기억력이 자꾸 없어지고, 배우로서 노망기가 생기고, 몸이 쇠약해지고, 배우 노릇을 할 수 없게 되고……주위 사람들을 귀

찮게 굴게 되고……어째서 였을까요, 어째서 이럴까……"
"지금 있는 곳은 어떤 곳입니까?"
"여기가 어떤 곳인가 하니 말야. 매우 쓸쓸한 곳이야. 사람이 있지만 아무도 이야기를 하지 않고, 본 척도 하지 않아. 내가 말을 걸어 보려고 생각하지만, 목소리가 나오지 않는군. 말을 건넬 수도 없어. 모두들 내 옆을 그냥 지나치고, 어덴가로 가고 말아. 나도 그들을 따라가려고 하지만, 발이 움직여지지 않아. 무엇에 잡혀 있는 것 같아서 움직이질 않아. 그러다가 나만 남게 되어 외톨이가 되고 말아.
모래가 연기처럼 바람에 날려 소용돌이가 쳐서 내 몸도 거기에 휘말리고, 다시 소용돌이가 사라져서 보이는 게 달라지지만……무섭지, 무서운 곳이야.
부처님께 매달리고 싶으나 부처님은 보이지 않고…… 모습이 보이지 않아. 무서운 곳이야. 기분이 오싹할 만큼 끔찍한 곳이야.
이곳에 계속 나는 있지 않으면 안되는 거야. 돌아가고 싶지만 그것도 할 수 없어. 앞으로 가고 싶지만 갈 수 없어. 되돌아 가려고 하니까, 뭔가가 내 몸을 잡는 거야. 하지만 그것이 무엇인지 보이질 않아. 보이지 않는 뭔가가 내 몸을 꽉 붙잡고 있어. 아주 끔찍한 곳이지. 괴로워, 외로워……"
"뭔가 하고 싶은 말이 있습니까?"
"하고 싶은 말이라고……하고 싶은 말, 생각이 안 나, 떠오르지 않는단 말야."
오오또모씨의 영은 그 말만 하더니 영능력자의 몸에서 떠나가 버렸다

어느 회사원의 자살에 숨겨진 과거

영능력자의 표정은 몹시도 고통스러워 보였다. 영능력자에게 영이 빙의가 되어 있는건 알 수 있으나, 좀처럼 입을 열지 못하고 있다.
"이제 괜찮습니다. 제발 말을 하십시오."
영능력자가 그렇게 말하기 까지 30분 가까이 시간이 흘렀다.
영을 불러도 곧 말문이 열리지 않는 것은 지박령(地縛靈)의 특색이다. 하지만 30분이나 걸리는 것은 드문 일이었다.
"나까무라 아끼오(中村召夫)씨죠?"
필자는 우선 영을 확인하는 일 부터 시작했다.
"……예, 예……"
짧은 질문에도 그에 대한 대답이 순조롭게 나오지 않았다.
"나까무라 아끼오씨가 틀림없죠?"
"예, 그렇습니다."
"당신 부인의 부탁을 받은 것입니다만, 당신이 자살을 하신 진짜 이유는 무엇이었습니까? 가르쳐 주시겠습니까?"
"그건 별로 말하고 싶지 않습니다만……"
"말하고 싶지 않아도 말씀해 주십시오. 그렇지 않으면 부인이 불쌍합니다."
"……"
나까무라씨의 영은 다시금 오랫동안 말이 없었다.
기후시(岐卓市)에 사는 회사원인 나까무라 아끼오씨(39세 가명)는 1983년 9월 16일, 자택에서 목을 매어 자살을 하였다.
유서도 아무 것도 없어, 적당한 원인은 전혀 알 수 없었다. 특히 회사일로 큰 잘못이 있었던 것도 아니고, 머지않아 부차장(部次長)으로 승진될 예정까지 있었던 것이다.
　부인이 암으로 입원하고 있고, 의사로부터 1년 정도 살 수 있다는 진단이 내려졌으므로 그것이 괴로워 자살한 것인가도 생각되었으나, 그렇지는 않다고 부인은 생각하고 있었고, 집안 식구의 대다수도 같은 생각인듯 하였다.
　그렇다면 자살한 동기는 도대체 무엇일까——그래서 나까무라씨의 1년 상(喪)이 끝나기를 기다려, 초령(招靈)에 의하여 본인에게서 진짜 이유를 들어보자고 하여 필자가 그 일을 부탁받은 것이었다.
　"자, 나까무라씨, 말씀 하세요. 만약 부인에게 알리고 싶지 않은 내용일 것 같으면 전하지 않을 테니까요……."
　"알았습니다. 말하겠습니다."
　간신이 나까무라씨의 영이 무거운 입을 열었다.
　"실은 난 아내에게 대하여 매우 죄송한 짓을 저지르고만 것입니다. 아내가 입원하고 곧 처제인 도모꼬(友子)와 관계를 맺고만 것입니다.
　아내가 입원하자 때를 같이 하여 도모꼬가 집안 일을 돌봐주러 와 주었습니다. 도모꼬는 전부터 내게 호의를 가졌었던 듯하며, 나도 싫어하는 타잎의 여성이 아니었으므로, 자연스럽게 그렇게 되고 말았습니다.
　나도 도모꼬도 주위에는 대단히 조심을 하였습니다. 절대로 주위에서 알면 안된다고 여기고, 그토록 노력을 했습니다. 그랬으므로 아무에게도 눈치 채이지는 않았습니다.
　아내도 조금도 의심하지 않고 있었습니다. 도모꼬가 임신을 하였습니다만, 도모꼬는 내게 비밀로 중절 수술을 하고 말았습니다.
　그러던 어느 때 '결혼하지 않으면 안될 것 같아' 하고 도모꼬가 부모의 눈을 속이기 위해, 부모가 권하는 선을 본 것 입니다. 도모꼬는 처음부터 마음에 없었던 것입니다만, 신랑 쪽에서 아주 마음에 들어 혼사(婚事)는 본인을 뺀채 진행되고만 것입니다.

"싫어, 나 결혼 같은 것 안할래. 당신과 헤어지다니 싫어."

도모꼬는 그렇게 말하였고, 나도 어찌 해야 좋을지 몰랐으나 도모꼬와 헤어질 생각은 없었습니다.

"나, 집을 나올 거야, 그리고 어데고 잠시 몸을 숨길 거야. 당신이 만나러 와주면 되는 거야."

도모꼬는 진심이었습니다. 하지만 나는 도모꼬를 내 곁에서 떠나보내고 싶지 않았습니다.

"하지만, 달리 방법이 없잖아…."

도모꼬는 울면서 말했습니다.

"죽자, 그렇게 되면 영원히 둘이서 있을 수 있잖아."

"그렇군, 그게 제일 좋으네. 영원히 당신은 내 것, 나는 당신의 것이 될 수 있는 거네."

이렇게 도모꼬와 나는 동반 자살을 하기로 정했습니다.

두 사람은 죽을 장소를 찾아 여기 저기 찾아 다녔습니다만 좀처럼 마땅한 곳이 눈에 띄지 않았습니다.

우리의 동반 자살이 하루 이틀 미루어지고 있을 때 불행한 사건이 일어나고 말았습니다. 도모꼬가 차에 치어 죽고만 것입니다.

나는 도모꼬의 사십구제가 지나기를 기다렸습니다. 그리곤 자살을 한 것입니다.

나의 자살 원인은, 아내에 대한 사죄와 동반 자살하기로 정해놓고 우물쭈물 하다 이루지 못하고 먼저 죽게 만든 도모꼬에 대한 죄책감입니다. 이것이 나의 자살의 진상(眞相)입

니다.
　부디 아내에게는 비밀로 하여 주십시오. 부탁합니다.

이런 무시무시한 곳에 오는 게 아니었어

　"헌데 당신은 지금 어떤 곳에 있는 겁니까?"
　"내가 있는 곳 말입니까?……아주 무서운 곳입니다. 괴롭습니다.
　어린 애들이 득시글거립니다. 하지만 제법 모습을 갖춘 애는 한사람도 없습니다. 몸이 토막이 났거나 머리 반쪽이 부쉬져 있거나, 두 손 두 다리가 없거나, 얼굴 반 쪽이 깨져 있기도 하고 정말 말이 아닙니다. 그런 애들에게 난 늘 문책을 당하고 있습니다. 도망쳐도 도망쳐도 따라 오는 겁니다. 간신이 애들에게서 도망쳤다고 생각하자, 어느 틈에 등에 백골이 된 사람이 올라 타고 있는 겁니다. 두 눈을 번득거리는 무서운 백골입니다. 무서워서 무서워서……"
　"지금 당신은 자살한 것을 어떻게 생각하고 있습니까?"
　"아무렇게도 생각하고 있지 않습니다 라고 하기 보다는 아무 것도 모릅니다. 다만 이런 무서운 곳에서 빨리 도망치고 싶다고 생각하고 있을 뿐입니다.……이런 곳에 오는 게 아니었는데……"
　"뭔가 하고 싶은 말이 있습니까?"
　"없습니다. 다만 아내에게 잘못했다고 생각할 뿐입니다."
　그렇게만 말하고는 나까무라씨의 영은 떠나 갔다.
　나까무라씨의 부인은 1985년 1월 5일 암으로 사망하였다. 자살이라는 부자연사(不自然死)를 한 나까무라씨와 병사(病死)라는 자연사(自然死)를 한 부인하고는 그 사후의 세

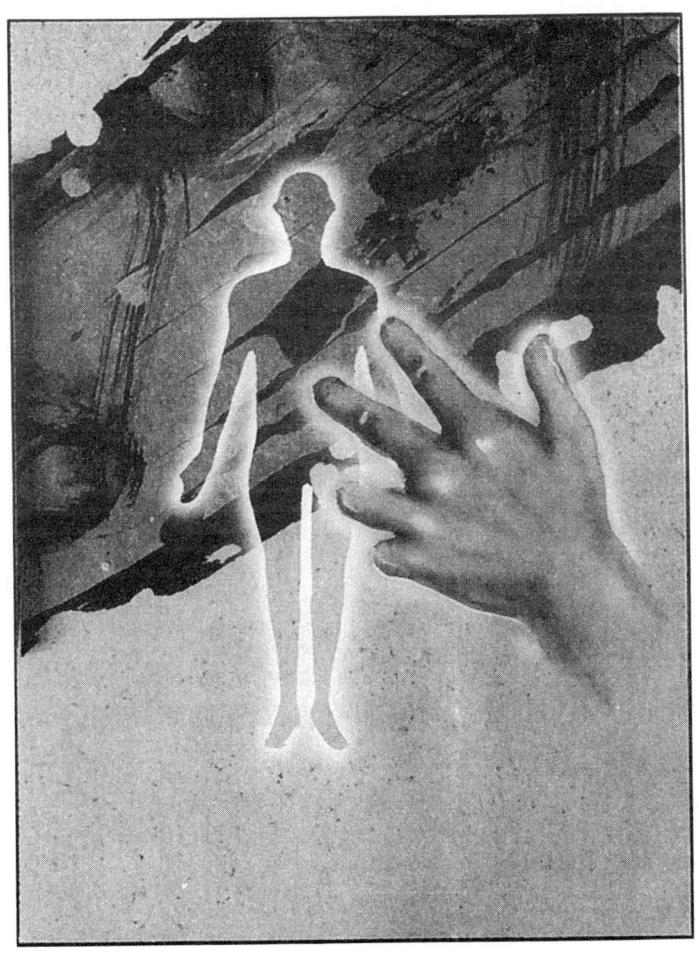

계가 다르므로, 두 사람은 저승에서 만나는 일은 영원히 없을 것이리라.

부인은 나까무라씨가 자살한 진짜 원인을 영원히 알 수 없다. 필자는 그것으로 괜찮다고 생각하고 있다.

제 2 장
자살자의 엑토플라즘은 영계(靈界)에 안주할 수 없다

1. 죽음은 모든 것의 끝이 아니었다

죽은 이의 혼(魂)에 대한 소박한 두려움

죽음을 생각하지 않는 사람은 없을 것이다. 죽음은 절대로 피할 수가 없다. 이 세상에 태어난 이상, 인간인 이상, 언젠가는 죽음에 직면하지 않으면 안된다.

자살이라는, 스스로 생명을 끊어 죽음에 이르는 길도 있다. 하지만, 세상의 대부분의 사람은 질병이나 사고, 혹은 천수(天壽)를 다한 형태로 죽음에 직면하고, 그것을 맞이하지 않으면 안된다.

희랍의 유명한 철학자 소크라테스는, '죽음을 악(惡)으로서 두려워 하는 것 또는 그것을 선(善)으로서 기뻐하는 것은 조급한 생각이다. 죽음과 삶, 삶과 죽음이 하나의 고리를 이룬다'고 하는 가정에 바탕을 두고 혼(魂)의 불멸(不滅)을 말하고 혼의 덕(德)에 대하여 말하려고 했다——고 일컬어지고 있다.

산다는 것, 또는 죽는다는 것이 인간에게 있어서 절대로 피할 수 없는 숙명(宿命)으로 있는 한, 살아 있는 인간이 죽음을 생각하는 것은 당연한 일이다.

죽음이라는 문제가 존재하고 있기 때문에, 우리들은 보다

가치 있는 삶을 원하고, 또한 죽음을 피하기 위해 온갖 노력을 거듭한다.
 과학이 아무리 발달하여도 죽음을 영원히 늦출 수는 없다. 잠시 늦출 수는 있을지라도 피할 수는 없다.
 반대로 발달된 과학에 의하여 생명을 단축시키고, 발달된 과학때문에 순간적으로 죽음을 맞이하지 않으면 안된다는 일도 있는 것이다.
 1981년 미국의 우주선 채린저호에 탄 7명의 우주 비행사가 발사 직전, 아니 몇초, 혹은 일초 전까지 스스로의 생명이 그곳에서 끊겨버리리란 것을 생각할 수 있었겠는가?
 과학의 최첨단의 일에 종사하고 있는 인간이 그 과학때문에 순식간에 귀중한 생명을 잃고만 것이었다. 삶에서 죽음으로의 순간의 이동인 것이다.
 지금까지 인간의 죽음이란 것은 거의가 주로 종교와 연관된 속에서 이야기되고 생각하게 되었었다.
 이를테면, 원시종교의 측면에서 보더라도 '저승'의 존재, 저승에서의 생활이라는 것을 생각했고, 그에 대하여 중대한 관심을 갖고 있었다고 한다.
 사자(死者)의 두려움이란, 말하자면 죽은 영(靈)이 겪는 두려움이라고 그들은 받아들이고 있다.
 옛날 사람들은 적어도 두 개의 영혼이라는 것을 인정하고 있었던 것 같다.
 하나는, 육체와 함께 죽은 생명, 또는 혼(魂)을 말한다. 그것은 숨이 끊어지고, 마침내 육체가 썩어도 무덤 근처를 방황하고, 또한 살아 있었을 때와 마찬가지로 먹는 것, 마시는 것, 따위를 구하고 있다고 생각했었다.
 다른 하나는, 자유로운 혼이라고도 말할 수 있을런지?

앞서 말한 것과는 전혀 다른 의미의 것이다. 이를테면, 에스키모라든가 시베리아인은 인간의 관절(關節)마다 영혼이 있다고 믿고 있다고 한다.

생전에 아무리 존경과 사랑을 받아왔어도, 죽은 자는 경원당한다. 사후의 세계는 행복한 곳이라고 믿고 있어도, 죽은 자에 대한 두려움은 계속되고 있는 셈이다.

죽는 방법에 따라서는 보통 장례에 따르지 않는 일이 있다.

장례를 치루지 않는, 혹은 장례를 치루는 방법을 전혀 달리 한다는 것이다. 그렇게 하지 않으면 살아 있는 사람에게 재앙이 내린다고 그들은 믿고 있었다.

사고로 비참하게 죽은 사람, 분만(分娩)하다 죽은 여성, 익사자(溺死者), 자살자(自殺者) 따위는 특별한 죽음의 대상으로서 취급되어 왔다.

다시 말하여, 그것은 선령(善靈)이 아니라 악령(惡靈)이 되고 말았다는 두려움에서 그런 형태로 죽은 사람들을 취급하는 방법이 전혀 다른 것이 된다. 전혀 제사를 지내지 않는다는 것이다.

이것은 외국 뿐만이 아니라 일본에서도 지금까지도 자살자의 영은 제대로 모시지 않는 곳이 있다.

조상을 모신 선산에는 절대로 무덤을 쓰지 못한다. 또는 위폐(位弊)조차 만들지 않는다는 곳이 지금까지 남아 있다.

애굽사람 만큼 죽음을 그 생활에 침투시키고 있는 민족은 없다고들 한다. 죽음을 부화, 다시 말해서 혼이 별이 되어 영원히 북극성(北極星) 주위를 돌고 있다는 생각도 있었던 터여서 인간은 영원히 살아있다는 생각에서 출발하고 있는 것이다.

그들에게 있어서 죽음은 생명의 중단 혹은 변화이지, 종말을 뜻하는 것은 아니었다.

꿈에 나타나는 죽은 자는 살아있기 때문에 꿈 속에 나타나 만나러 오는 거라고 생각하고 있다.

애굽 사람들은 여러 가지 혼의 존재를 생각하고 있는 것이다.

세계의 여러 종교는 사후의 세계를 어떻게 보고 있나?

몇가지 종교의 죽음에 대한 기본적인 생각을 살펴 보기로 한다.

기독교에서는 사는 것도 죽는 것도 모두 그리스도에 의해 하느님에 의해서다. 따라서 자기의 생명이라고 하여 자기 마음대로 처분하는 일은 절대로 용서받지 못한다.

자살은 하느님에 대하여 인간이 자기를 주장하는 일이며, 신앙에 어긋나는 일이라고 보고 있다. 다시 말하여, 기독교에서는 스스로 생명을 끊는 일은 절대로 용서받지 못하며, 만약 그 계율(戒律)을 범했을 경우에는 그 죽은 자는 영원히 구원받지 못하는 것으로 되어 있다.

이슬람교에서는 이 현세의 짧은 생활보다도 훨씬 중요한 것은 저승에서, 이승에서 착한 일을 하면, 저승에서는 영원한 행복을 얻을 수 있다——고 가르치고 있다.

죽음이라는 것은 잠시 스쳐가는 세상의 끝이므로, 살아 있는 동안에 저승에 들어갈 준비를 해두지 않으면 안된다는 것이다.

사람들이 가장 두려워 하는 것은, 죽음 그 자체 보다 아직 충분히 준비를 갖추지 못했는데 죽음이 찾아 오는 일이다.

죽음은 언제, 어디서, 누구에게 찾아올지 모른다. 나이가 젊다고 하여서 안심하면 안된다고 가르치고 있는 것이다.

영혼은 육체를 매장한 다음 날에 떠나 가고, 선량한 사람의 영혼은 주말(週末)되는 날 까지 정해진 장소에 머무르며, 사악한 사람의 영혼은 주말이 되는 날까지 정해진 감옥에 갇혀 있지 않으면 안된다고 그들은 믿고 있다.

이를테면, 재판이 끝난 사람들은 머리카락 보다 가늘고, 예리한 칼날 보다도 더 날카로운 다리가 걸려 있는 바닥이 없는 골짜기 위를 건너지 않으면 안된다.

참된 선인(善人)은 빛과 같이 빠른 속도로 그곳을 지나 천국(天國)으로 갈 수 있고, 미끄러지며 간신이 건너는 사람도 있는가 하면, 악업(惡業)이 많았던 사람은 도중에서 지옥의 업화(業火) 속으로 떨어져, 회개할 때까지 언제까지나 몸서리 쳐지는 고통을 받지 않으면 안된다고 가르치고 있다.

다시 말해서 이 세상에 살아 있는 동안, 한 가지라도 조금이라도, 착한 일을 하는 것은 이 세상보다도 훨씬 오래 살지 않으면 안될 '저승'에 가기 위한 준비이고, 항상 언제, 어데서 저승으로 가지 않으면 안될 일이 찾아 와도 좋도록 준비를 해 두라고 하는 것이다.

힌두교는 죽은 뒤 육체는 없어져도 혼은 재생(再生)한다고 가르치고 있다. 이 삶과 죽음의 해탈(解脫)이 없는 한 영원히 되풀이 된다고 하는 것이 윤회(輪廻)이고, 이 윤회세계(輪廻世界)에 혼을 묶어두고 있는 것이 이른바 업(業)이다. 업(業)이란 인간의 혼(魂)에 붙어 있는 눈에 보이지 않는 힘으로 어떤 사람이 한 행위가 어떤 것이냐에 따라 혼에 영향을 주고, 그 사람의 사후의 운명을 결정짓게 하는 힘—이라고 한다.

다시 말해서 현세(現世)에 있어서의 삶은 그 사람의 전세(前世)에서의 업(業)의 결과이며, 내세(來世)에 어떤 삶을 받느냐 하는 건, 현세(現世)의 업(業)이 어떤 것이었느냐에 관계된다고 가르치고 있다.

또한 생사(生死)의 혼(魂)이 거쳐 가는 길이 '신도(神道)'와 '조도(祖道)'의 두 가지로 설명되고 있다.

이를테면, '신심(信心)은 고업(苦業)이다' 라고 믿는 사람의 혼은 사후(死後)에 다시 죽는 일이 없는 세계로 간다. 이것이 '신도(神道)'이다

한편 '조도(祖道)'를 가는 사람은 윤회(輪廻)를 한다. 사체(死體)를 빠져나온 혼은 엄지 손가락 크기만 하다고 하며, 그 형상이 남근(男根)과 비슷하므로 링거·샤리이라 라고 부른다.

〈자기를 희생하고 죽는 일은 미덕(美德)이나, 단순한 자살은 미덕이 아니며, 그 사람의 혼은 악령(惡靈)이 되어 사람들에게 해를 끼치므로 무섭다.〉

이렇게 힌두교에서는 가르치고 있다.

그런데 곧잘 질문을 받곤 하는 것 중의 하나이지만, 석가의 죽음에 대한 생각이다. 석가는 인간이 모든 점에 있어서 유한(有限)하기 때문에 무한(無限)하고 절대적인 것을 찾으며, 죽음에 의해서도 인간이 결코 무(無)가 되고 마는건 아니라고 믿어 왔다는 것이다.

그러므로 천국(天國)·극락(極樂)·정토(淨土)등으로 불리는 사후의 이상세계(理想世界)를 말했고, 반대로 지옥(地獄)·아귀(餓鬼)·아수라(阿修羅)라고 하는 사후의 세계를 말하는 것이다.

석가는 인간의 육체의 죽음을 생(生)·노(老)·병(病)이

라는 다른 현상과 마찬가지로, 단순한 자연의 한 현상, 다시 말하여 제행무상(諸行無常)한 세상에 일어나는 한 변화라고 생각하고 있다.

사후의 세계에 까지도 영원히 계속 존재하는 그와 같은 실체는 없는 것이라고 석가는 생각하고 있었다고 한다.

삶의 종교와 죽음의 종교

진언종(眞言宗)에서의 죽음에 대한 견해는, '진언종(眞言宗) 그 자체는 죽음을 위하여 존재하지 않는다. 다시 말하여 진언(眞言)은 삶, 살기 위한 불교이며, 즉신성불(卽身成佛), 죽음의 내부에 삶의 빛이 있다.' 이렇게 생각한다.

산다고 하는 것에 바탕을 둔 불교의 존재이기에, 죽음에 대한 생각에서는 다른 종교와 전혀 다른 면을 지니고 있다.

정토종(淨土宗)은, 진언종과 반대로 죽음의 종교이다. 따라서 마음을 비우고 성불(成佛)한다. 마음을 비우고 죽음을 기다릴 수 없었던 사람이 물에 빠지거나, 혹은 분신(焚身), 투신(投身), 목을 매는 따위의 자살을 하고 만다는 것이다.

마음을 비우고 정토로 간 경우, 역시 그곳은 지옥이 아닌 극락이며, 사후의 안식처를 얻을 수 있다고 가르치고 있다.

선종(禪宗)에서는 죽음이라는 것에는 일반적인 죽음과 부자연스런 죽음이 있다고 가르치고 있다.

전자(前者)는, 자연스럽게 찾아 오는 수명으로서의 죽음이며, 후자는 사고사(事故死)이다.

영혼은 육체의 죽음과 함께 재빨리 떠나 가는 게 아니라, 당분간은 그 근처에 머물러서 일정한 단계를 거친 다음 비로소 안정을 얻어 머나 먼 저쪽으로 간다고 생각하고 있다.
　그런 탓으로 초혼(招魂) 같은 풍속이 행해지고 있는 거라고 가르치고 있다.

삶에 대한 강한 힘이 평안한 사후로 이어진다

　사령(死靈)을 두려워 하던 시대에서 사자(死者)와의 이별을 아쉬워 하며, 슬퍼하는 단계를 거쳐, 또한 불교사상이 개입되어 지옥·극락의 영향이 대중에게 보급되고, 죽음에 대한 사람들의 견해가 달라졌다.
　죽음은 삶의 끝이지만, 삶을 바라다보는 시점에서의 죽음은 삶의 시초인 것이다.
　공자(孔子)는 사후에 대한 질문에 대하여 '나 삶을 알지 못하노라. 하물며 죽음을 알 수 있을까 보냐' 이렇게 대답했다고 한다.
　이렇게 되고 보니, 종교에서는 죽음에 대하여 또한 삶에 대하여 특히 스스로 생명을 끊는 자살에 대해 모두 다른 생각과 다른 가르침을 갖고 있다.
　일반적으로 동물은 자살을 하지 않는다. 자살은 어느 의미에서 인류의 특징이며, 인류의 특기인지도 모른다.
　이 세상에는 이단자(異端者)는 소수이긴 하지만 존재한다. 삶에 반항하여 자살을 한다. 이것을 제지할 이론은 없다. 하지만 인간은 여간한 일이 일어나지 않는 한 자살은 할 수 없다. 생명본능(生命本能)이 뿌리 깊이 부정하고 있기 때문이다. 다만 문명이 진보됨에 따라 노이로제가 유행하고, 병적으로 자살하는 일이 많다.
　스트레스가 겹치면, 중요한 삶에 대한 본능도 사그라들게 된다. 세계적으로 북유럽과 일본의 자살자 수의 수준이 높다고 말하는 학자도 있다. 틀림없이 북유럽과 일본은 여러가지 의미에서 공통점이 있다.

그들은 현대병(現代病)에 걸려서, 혹은 환경 따위의 갖가지 요소가 그에 작용해서 일어난다고 하는게, 자살의 원인을 규명하는데 있어서 하나의 방법일지도 모른다.

동물은 자살을 하지 않는다. 자살하는 건, 인류의 특기일지도 모른다고 말하고 있으나, 틀림없이 동물이 자살을 하지 않는 것은 그곳에 스스로의 의지, 스스로의 행동, 그리고 인간과 같은 고뇌(苦惱)라는 것이 없기 때문일 것이다.

인간에게는 사는 것과 죽음과의 사이에 갖가지 단계가 있다. 그 괴로움 속에서 죽음을 택할 수 밖에 없었던 사람들 또한 많다.

말할 것도 없이 극히 안이한 생각으로 자살하는 사람도 최근에는 많아졌다. 안이한 기분으로 스스로의 생명을 끊은 뒤, 어떻게 된다는 것을 진지하게 생각한 일이 없는 게 아니었을까?

다시 말해서, 산다는 것을 진지하게 생각하는 것과 마찬가지로, 사후(死後)라는 것을 진지하게 생각하지 않으면 안된다.

그런 사고방식을 갖는 일이야말로 우리가 살아가는데 있어서, 궁극적으로 맞이하지 않으면 안될 죽음에 대한, 산 인간으로서의 의무인 것이다.

종교적으로는 선행을 쌓으면, '저승'에서 천국, 극락으로 갈 수 있다고 하지만, 지금 세상에서는 무엇이 선행(善行)이며, 무엇이 악행(惡行)인지, 선(善)과 악(惡)의 가치관과 평가가 달라지고 있다.

하지만, 사람이 산다는 것에 대하여 강함을 보여준 경우에는 각 종교의 죽음에 대한 생각에도 일리가 있음을 알게 된다.
그리고 우리는 단순한 종교적인 의미에서가 아니라 살아가는 가운데, 어떻게 사느냐 하는 것을 진지하게 생각하는 것과 마찬가지로, 사후에 대해서도 역시 진지하게 생각하게 되는 것이다.
안이하게 자살하는 길을 택하는 것은 살아가는 일에 대하여 진지하지 못하기 때문이다. 그와 같은 행동을 했을 경우, 사후의 세계에 가도, 그곳에서 살 길을 구할 수 없게 되고, 주어지지도 않게 될 가능성이 농후하다.
살아가는데 대한 강한 힘은 나아가서는 사후의 세계에서 살아가기 위한 강한 힘이 되는 게 아닐런지?
어떤 경우에나, 스스로에게 지고 말면 강한 힘은 생기지 않는다. 물론 강한 힘이 없으니까 스스로에게 지고 만다고 한다면 그뿐인 것이다. 하지만, 앞서 소개한 몇가지 종교에 있어서 죽음에 대한 생각은 우리 자신이 살아가는 가운데에 생기는 문제, 그리고 우리가 사후 살아가는 것에 대한 문제의 양쪽이 포함되어 있다고 할 수 있을 것이다.
자살 이외의 죽음은 언제 어떤 형태로 찾아 오는 건가, 우리는 예측할 수 없다. 따라서 우리가 죽음을 맞았을 때, 역시 당황하지 말고, 소란스럽지 않은 태도를 취할 수 있는 마음가짐이 필요하게 되는 게 아닐런지?
기독교의 '사는 것도 죽는 것도 하나님의 뜻에 있다'라는 가르침에 대해서 물론 이를 믿고, 납득하고 있는 사람도 많을 것이고, 또한 납득할 수 없는 사람도 많을 것이다.
힌두교에서의 가르침은 죽은 뒤 혼이 재생하는, 다시 말해서 윤회(輪廻)한다고 하는 것이다.

하지만 윤회하는 경우, 그것이 다시 한번 괴로움을 맛보기 위한 윤회라는 가르침도 있을 것이다.

자살은 결코 미덕은 아니다. 또한 자살자는 결과적으로는 살아 있는 사람에 대해 하나의 악(惡), 해(害)를 준다는 것을, 말은 다르지만 각각의 종교는 말하고 있다고 필자는 생각한다.

필자의 경우 종교가가 아니므로, 더 자세한 종교적인 의미는 알 수 없다. 하지만 필자는 감히 이곳에서 종교에 있어서의 죽음에 대한 생각을 소개해 본 셈이다.

다음에, 필자가 연구하고 있는 심령과학의 세계에 있어서의 죽음에 대한 생각, 그리고 사후에 관한 여러 문제를 말해 보려고 한다.

2. 심령과학이 밝힌 자살령(自殺靈)의 행방

종교에서 말하는 사후세계에 대한 갖가지 의문

 지금까지 종교가 어떻게 죽음과 사후의 세계를 보고 있는가에 대하여 적었으므로, 그 생각에 대해서는 알아 주었으리라고 생각한다.
 사후의 세계를 전혀 인정하지 않는 종교도 있는가 하면, 그것을 분명히 인정하는 종파도 있고, 전혀 인정하지 않는 건 아니나, 교리(敎理)로서 '모르겠다'고 하는 종파(宗派)도 있다.
 요컨대 종교의 각파들은 죽음에 대하여 그 각파들의 교주(敎主)가 어떻게 생각했는가를 기본적인 사상으로 하고 있을 뿐으로, 그 이외에는 아무 것도 없다.
 더욱이 현세에서 착한 일을 하였는지 어쨌는지에 따라서 그 사람의 죽음도 사후도 정해지고 마는 것이고, 죽음도 사후도 공으로 돌아가는 것, 실속이 없는 것이라고 말하고 있는 것에 지나지 않는다.
 하지만, 사람은 한번은 죽지 않으면 안된다. 그 죽음에 대한 평가야말로 살아 있는 사람의 살아갈 가치의 평가와 지극히 깊고도 큰 연관을 갖는 것이라고 생각한다.

하지만, 그렇다고 한다면 인간의 죽음을 선인도 악인도 통털어 한 몫으로 평가한 것이어서 한사람 한사람의 다른 삶의 방식과 죽음의 방식을 옳게 평가했다고는 할 수 없다고 생각한다.

죽음은 모든 게 소멸되는 것이어서 확인할 방법이 없으므로, 죽음을 가지고 모든 게 끝장이라고 몰아붙인다──는 생각은 납득하기 어렵다.

선행(善行)과 악행(惡行)에 의하여 그 사람은 지옥으로 갈 것인가, 극락으로 갈 것인가 하는 게 정해진다고 한다. 그러기 위해서는 깨끗하고 아름다운 마음을 가지라고 정신적인 훈화(訓話)를 하고들 있다.

틀림없이 마음은 가장 중요하다. 하지만, 진정한 마음 가짐이란 것을 어떻게 측량할 수 있을 것인가?

종교에서 말하는 내용을 전혀 알지 못하는 어린이, 특히 남을 괴롭히는 아이, 더욱이 시달림을 받는 아이들의 행위를 단순히 선행(善行)과 악행(惡行)으로 결정 지을 수 있을 것인가?

남을 괴롭힌 아이가 죽으면 지옥으로 보내질 것인가?

시달림을 받은 아이는 죽으면 극락으로 가는 것일까?

사리사욕을 채우기 위하여 사람을 죽음으로 몰고 간 사람들은 어떻게 될 것인가?

더 이야기를 계속한다면 권력 다툼과 사기사건 까지 일으켜 가며 사복(私腹)을 채우고 있는 승려(僧侶)와 가난한 절에서 일생을 마친 승려와는 죽은 뒤에 어떻게 다른 길을 걷게 되는 것일까?

고뇌(苦惱)속에서 몸부림치다 죽은 승려가 성불(成佛)을 못하고 방황하여 이승에 모습을 드러내고 있는 것을 수십명이나 되는 사람들이 목격하고 있는 것은 거짓말이고 엉터리란 말일까? 지옥과 극락을 말하면서 사후의 세계를 처음 부터 부정하는 것은 어떤 뜻일까?
 지옥과 극락은 사후의 세계가 아닌 것인가?
 지옥과 극락은 단순한 방편으로 있는 존재에 지나지 않는 것일까?
 만약 그렇다면, 이런 지독한 말이 어데 있단 말인가! 방편에 지나지 않는다면, 선인도 악인도 죽고 나면 모두 같다는 말이 되고 마는 게 아닌가? 선인은 극락으로, 악인은 지옥으로 라는 것은 없어지고 말며, 죽음을 사이에 두고 모두 같다는 게 되고 만다.
 선(善)도 악(惡)도 모두 이 세상만의 것이 되고 마는 게 아닐까?
 선악과 지옥, 극락을 아무리 말해 보았댔자 별 도리가 없는지도 모를 일이다. 방편이라면 그것 뿐으로 그치는 일이다. 선행(善行)과 악행(惡行)을 결정하는 법은, 세상이 변화함에 따라 변하는 것이라고 생각되며, 특히 절실히 그것을 느끼는 바이다. 예전에는 악(惡)이라고 하던 것이, 오늘날에는 선(善)이 되는 일도 많이 있는 게 아닌가?
 필자는 종교적인 의미에서의 편법적인 의미에서의 선악・지옥・극락을 따질 생각은 없고, 그럴 자격도 없다고 생각한다. 그러므로 필자 나름대로의 문제를 제기하기는 했으나, 앞으로 인간이 자연사(自然死) 했을 경우와 부자연사(不自然死)를 했을 경우의 차이를 심령과학의 측면에서 말해 보려고 생각한다.
 그것이 필자가 해야 할 일이며, 심령연구를 30여년이나 해 온 이의 책임이라고 생각하고 있다.

다음에 말하는 자연사(自然死)와 부자연사(不自然死)의 차이는, 일본 및 여러 외국의 1천건(千件)의 예에서 데이터를 뽑은 것을 기본으로 삼은 것이다.

어느 고교생의 실험적 자살에 결여된 것

지금으로 부터 13년전, 1973년에 대단히 중대한 의미를 지닌 사건이 있었다. 기억에 있을지도 모르겠으나 그것은 지바껭(千葉)에 있는 노꼬기리산의 산꼭대기에서 한 고교생이 투신 자살을 한 사건이다. 세월은 빠른 것이어서 벌써 13주기를 맞이했다.

고교생이 자살한 목적은 자신의 죽음에 의하여 정말로 영(靈)이 존재하는지 어쩐지를 확인하여 보려고 한 것이었었다. 이 일은 그당시 많은 화제를 불러 모았다.

이 고교생의 행위에 대하여 '광기(狂氣)의 소행'이라고 비판하는 사람, '연구에 열심인 나머지 저지른 행위'라고 평가하는 사람, 찬부(贊否) 두가지였으나 애석하게도 기본적인 점은 전혀 논란의 대상이 되지 못한채 끝나고 말았던 것이다.

기본적인 점이란 '영(靈)의 존재' 그 자체에 대해서다. 지금과 달리 13년 전에는 아직 영의 존재를 긍정하는 사람은 매우 적었고, 신문과 잡지에 발표되고 있는 설문(設問)통계를 보아도 '영은 존재한다'고 분명히 대답할 수 있는 사람의 수는 25퍼센트 미만이며, '영은 존재하지 않는다'고 대답하는 사람이 35퍼센트 이상, '모르겠다'고 대답하는 사람이 가장 많아 40퍼센트나 있었다.

이 숫자는 현재에 와서는 전혀 달라졌고, '존재한다'가 40

퍼센트를 넘고 있다.
 필자는 이 숫자는 별도로 치더라도, 13년 전에 영의 존재에 대해 보다 더 긍정적으로 생각했었더라면, 고교생의 귀한 생명을 자살이라는 가장 좋지 못한 방법으로 잃게 하는 일은 없었다고 생각하며, 고교생의 영을 지박령(地縛靈)이 되게 하지는 않았으리라고 생각한다.
 필자는 고교생의 행위는 결코 옳은 것이라고는 생각하지 않으나, 매우 진지한 행위라고 생각하고 있다.
 심령을 연구하고 심령에 관한 일을 하고 있으면서, 영의 존재를 자신의 생명을 끊는 것으로 실증(實證)하려고 생각한 사람은 아마 한 사람도 없을 터이다.
 이 일은 많은 문제를 포함하고 있으므로, 한 사람도 없다고 단정해도 조금도 이상한 일은 아니리라.
 필자가 말하고자 하는 것은 그 진지함과 순진함이다.
 말하고 싶지 않은 일이나 고교생의 행위는 분명히 잘못되었다. 하지만 그렇다고 해서 고교생을 책망할 수는 없다. 다시 말해서 이 고교생은 '부자연사(不自然死)의 영은 정화(淨化)·성불(成佛)할 수 없다'고 하는 것을 알지 못한 것이다. 그 일을 알고 있었다면 그는 그 같은 실험적 자살 따위는 하지 않았음에 틀림이 없다.
 필자는 이 고교생의 일이 늘 마음에 걸리고 있었으므로, 기회 있을 때마다 그의 초령(招靈)을 영능력자에게 시켜 보았다. 하지만, 아무리 해도 고교생의 영은 강신이 되지 않는 것이다.
 필자는 이 고교생의 영의 초령을 50명의 영능력자에게 합계 2백번 가까이 부탁을 했으나, 결국은 단 한번도 초령할수 없었다.

다시 말해서 이 일은 그는 영계는 말할 것도 없고, 유계에도 들어가 있지 않다는 것을 뜻한다.

보다 더 분명히 말한다면, 그는 영의 존재를 실증하기는커녕, 그의 영(엑토플라즘)은 육체에서 이탈할 수 없었을 뿐만 아니라, 육체와 함께 산산이 흐터지고 말았다는 것이리라.

이 일은 자살을 한 경우, 자칫 잘못하면 사후의 세계에도 갈 수 없다는 것을 가리키고 있다.

자살한 경우, 설령 사후의 세계에 갈 수 있었다고 하더라도, 자연스럽게 죽은 사람과는 전혀 다른 곳으로 보내지고 만다는 것이 초령이나 자동서기 같은 실험에 의해 분명해 지고 있는 것은 앞 장(章)에서 말했다.

영(靈)에 대한 열 가지 기본이론

헌데, 영에 대한 기본 이론을 여기서 소개하기로 한다. 이 기본 이론을 잘 알아 둔다면, 영의 존재, 또는 자연사(自然死)와 부자연사(不自然死)에 의하여 그 영이 어떻게 되는가 하는 걸 누구나 알 수 있게 된다.

그렇게 되면, 정화(淨化)·성불(成佛)을 할 수 없게 되는 부자연사의 길을 스스로 택하는 일은 우선 일어날 수 없는 것이다.

영에 관하여 심령과학 연구가가 거의 일치하여 인정하고 있는 점은 다음의 10개 항목으로 집약할 수 있다.

① 인간은 육체가 죽은 뒤에도 영으로서 계속 살아 갈 수 있으며, 인간으로서의 의식 활동을 계속할 수도 있다.

② 인간의 영은 희박한 엑토플라즘을 갖추고 있고, 거의

③ 엑토플라즘은 일종의 실질과 일정한 중량(重量 : 일반적으로 인정되고 있는 것은 35～37g)을 가지고 있고, 적절한 방법을 동원하면 이를 목격할 수도 있고, 또한 사진으로 찍을 수도 있다.
④ 영은 살아 있을 때는 육체의 내부에 존재하는 하나의 유기체(有機體)여서, 뇌수(腦髓)·신경(神經)·혈관(血管)·심장(心臟)등을 가지고 있다.
⑤ 육체가 죽은 뒤, 영은 지구를 포위하고 있는 몇층으론가 나누인 영계(靈界)로 간다.
⑥ 영과 살아 있는 사람과는 여러가지 방법으로 커뮤니케이션을 가질 수 있다.
⑦ 인간의 엑토플라즘은 살아있을 때에도 어느 정도 까지 그 육체를 떠나서 영계로 갔다 오는 일도 가능하다.
⑧ 물질 세계와 영의 세계와는 밀접한 유기적인 관계를 가지고 있다.
⑨ 물질과 영은 일반적으로 생각하고 있는 것처럼 근본적으로 다른 것이 아니라, 오히려 같은 근원에서 출발하고 있는 것이다.
⑩ 심령작용(心靈作用)은 살아있는 인간의 육체 및 그 밖의 물질에 대하여 놀랄만한 힘을 발휘할 수 있다.
　이상의 10가지 항목의 요점은, 영이라는 것을 알고, 연구하는데 있어서 매우 중요한 것이다. 이 기본 이론을 확실히 안다면 영의 존재는 말할 것도 없고, 인간의 죽음이 지닌 의미, 또한 사후의 영의 활동을 뚜렷이 잡을 수 있고, 우리가 반드시 맞이하지 않으면 안되는 죽음을 뜻 있는 것으로 인식하는 일이 현실적으로 가능한 일이라는 것도 잘 알 수 있다.

다음에 이 요점을 기본으로 하여 자연사와 부자연사에 대하여 적어 보려고 한다.

자연사(自然死)의 경우, 영은 어데로 갈 수 있을까?

우선 자연사를 했을 때, 엑토플라즘이 신체에서 이탈하는 것에서 부터 말하기로 한다.

자연사란, 질병과 같은 것으로 인하여 극히 자연스럽게 육체에도 엑토플라즘에도 손상을 입히지 않고 사망하는 일이며 인간의 거의 대부분이 이같은 방법으로 죽는다.

엑토플라즘이 신체에서 이탈하는 모양을 그림을 써서 설명하기로 한다.

우선 그림A이다. 이것은 인간이 극히 자연스럽게, 보통으로 사망했을 경우, 특히 천수를 다 하고 사망했을 경우, 엑토플라즘의 이탈을 나타내고 있다. 밑에 누워 있는 흑색(黑色)이 육체이고, 부상(浮上)하고 있는 것이 육체에서 이탈한 엑토플라즘 이다.

다시 말해서, 기본 이론에서도 말하였듯이, 생전의 형태를 유지한 상태에서 빠져 나가는 것이 가장 좋은 것이고, 이와 같은 형상으로 엑토플라즘의 이탈이 이루어진다면, 영은 정화(淨化)되면서 유계로 들어가고, 나아가서 영계(靈界)로 들어가 성불(成佛)하게 되는 것이다.

이와 같은 형태로 이탈하는 경우에는, 유기체로서 조금도 손상되지 않았으므로 뇌수(腦髓)・신경(神經)・혈관(血管) 심장(心臟)도 정상적으로 일할 수 있는 셈이다.

이와 같이 완전한 형태로 이탈하여 영계로 들어 갈 수 있

제2장 자살자의 엑토플라즘은 영계에 안주할 수 없다 115

그림A

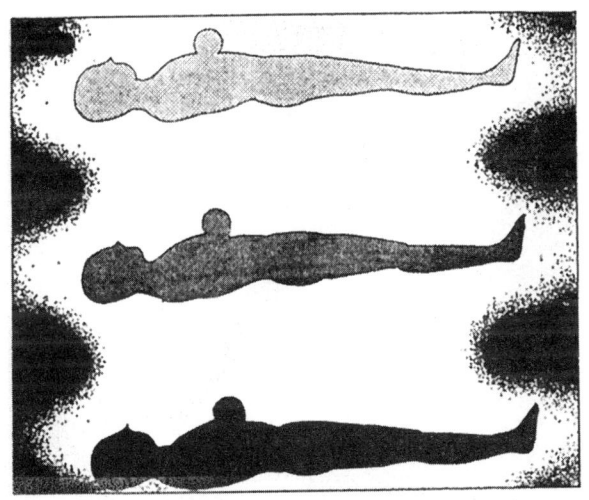

다는 것은, 그 사람은 인간에게 주어진 영명(靈命)을 다 한 셈이고, 당연히 현세(現世)에서도 영명을 다 한 것으로서 정화되어 성불의 세계──극락으로 보내지게 마련인 것이다.
　그림A와 같은 엑토플라즘의 이탈이 가장 바람직한 것이며, 완전히 정화되고 성불되는 것이므로, 인간의 모두가 이렇게 되었으면 하고 바라고 있는 것이다. 이와 같은 형태로 육체이탈을 할 수 있었던 사람은 천수를 다한 사람이다.

　다음은 그림B이다. 이것은 천수(天壽)를 반쯤 살다 특히 이렇다 할 병도 없이 갑자기 사망한 사람의 엑토플라즘이 육체이탈하는 그림이다.
　그림A의 육체이탈과 비교하면 알겠지만, 생전의 형태와는 조금 다르다. 그 원인은 자세히 알 수 없으나, 육체 특히 엑토플라즘에 손상이 생긴 탓이며, 천수를 반쯤만 누린 탓이

그림B

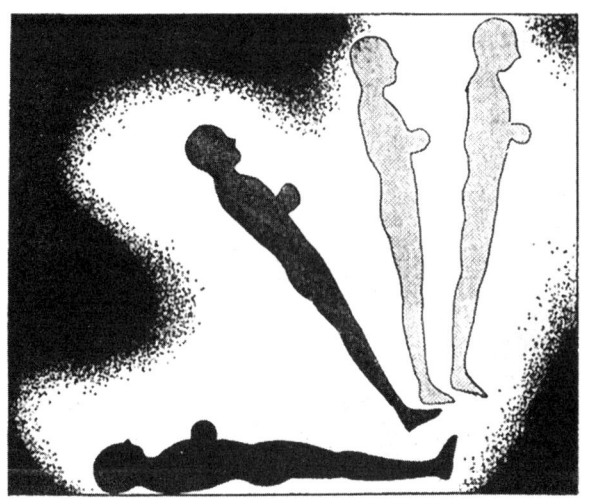

아닌가 생각되며 유기체(有機體)의 위축이 원인이 아닌가 하는 설도 있다.

그림C를 보기로 한다. 이것은 오랫동안 앓은 사람의 엑토플라즘이 그 육체에서 이탈하는 모습이다
그림A, 그림B와 비교하기 바란다. 엑토플라즘의 육체이탈하는 형태가 몹시 부자연스럽다. 이와 같이 부자연스러운 형태가 되는 것은 오랫동안 앓은 탓으로 육체가 몹시 손상되고 있기 때문이다. 다시 말해서 그 육체는 치료하느라고 많이 시달렸고, 약 같은 것으로 인하여 그 형태가 손상을 입고 만 것이다.
그런 탓으로 엑토플라즘도 또한 손상을 입고 무게의 균형을 잃어 이와 같은 형태로 육체이탈을 하고만 것이다. 특히 생전에 수술을 받았을 것 같으면 엑토플라즘의 손상도 크고

그림C

균형도 몹시 불안전해진다. 따라서 손상이 가장 적은 머리 부분이 마지막 까지 육체에 붙어 있는 상태가 되고 마는 것이다.

그림D를 보기로 한다. 이것은 심장병으로 죽은 사람에게 흔히 볼 수 있는 엑토플라즘의 육체이탈 모습이다.

심장병으로 죽는 경우도 두 가지가 있다. 이른바 협심증(狹心症)이나 판막증(弁膜症)과 같은 경우와 심부전증(心不全症)과 같은 발작을 일으켜 갑자기 죽는 경우이다.

심장병인 사람의 경우, 거의 증상이 나타나는 걸 미리 알게 되므로 치료를 위해 꽤 강한 약을 복용하니까, 그의 육체, 엑토플라즘의 손상이 심하다. 특히 약재에 의해 육체와 엑토플라즘이 손상되는 게 심장 부위에 그치는 게 아니다. 다른

그림D

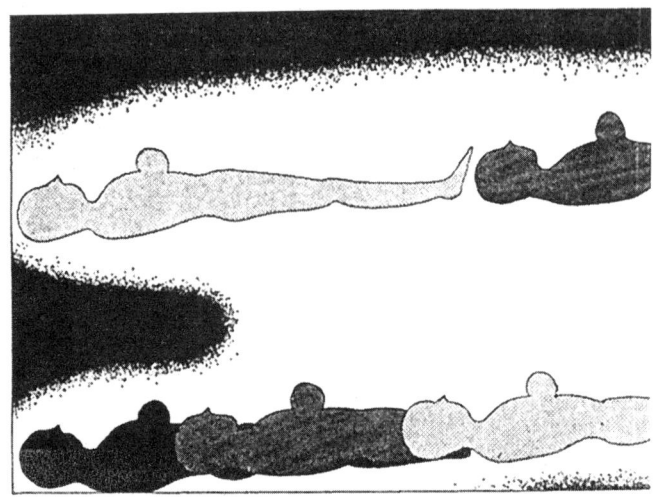

그림E

내장 부위를 비롯하여 몸 전체의 기능에 까지 미치는 수가 많다. 그런 탓으로 엑토플라즘의 육체이탈 형태도 극히 부자연스럽게 된다.

  심장 질환에 의해 죽은 사람의 경우, 육체의 심장이 손상되었을 뿐만 아니라, 엑토플라즘에 갖춰져 있는 심장까지 손상을 입고 만다. 그림D와 같은 육체이탈이 되면, 그의 정화나 성불은 지극히 오랜 시간이 필요하게 될 것이다.

  그림E를 보기로 한다. 이것은 뇌질환으로 죽은 사람의 엑토플라즘이 육체이탈하는 형태이다. 이것도 그림A와 비교한다면 꽤 부자연 스러운 형태라는 걸 잘 알 수 있다.

  기본 이론에서 말했듯이, 엑토플라즘에도 뇌수(腦髓)가 갖춰져 있으므로, 이 병으로 죽은 사람은 역시 육체의 뇌수

제2장 자살자의 엑토플라즘은 영계에 안주할 수 없다 119

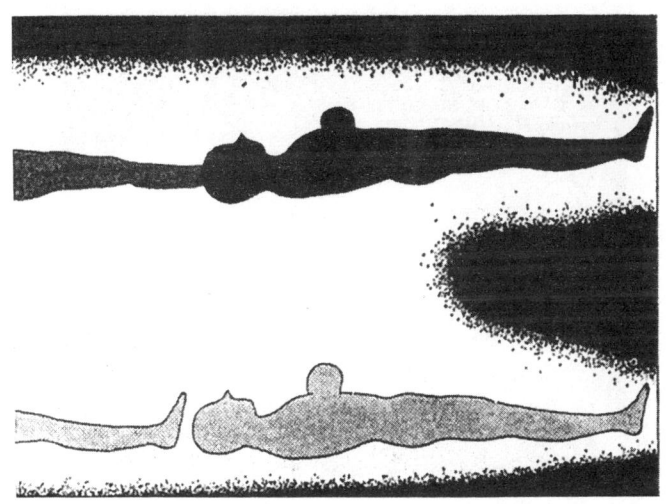

가 손상을 입고 있지만, 때로는 엑토플라즘으로서의 부분이 떨어지지 않는 일도 있는 것이다. 그런 까닭으로 이 엑토플라즘은 뇌의 활동이 없어지고, 사후의 세계에서의 '방황'도 있을 수 있는 것이다.

그림F는 내장기(內臟器) 질환으로 죽은 사람의 엑토플라즘이 육체이탈 하는 모습을 나타낸 것이다.
장기(臟器), 특히 암 같은 병으로 죽은 사람의 경우, 육체와 마찬가지로 엑토플라즘도 많이 손상을 입고 있는 것이다.
그런 탓으로 엑토플라즘의 육체이탈하는 것도 부자연스럽게 되고, 때로는 육체 부분에 남아 있는 수도 있을 수 있다.
이렇게 된 경우, 엑토플라즘에 갖춰져야 할 혈관이 상하게 되고, 사후의 세계에서 정화(淨化)되는 데도 지장을 초래할

그림 F

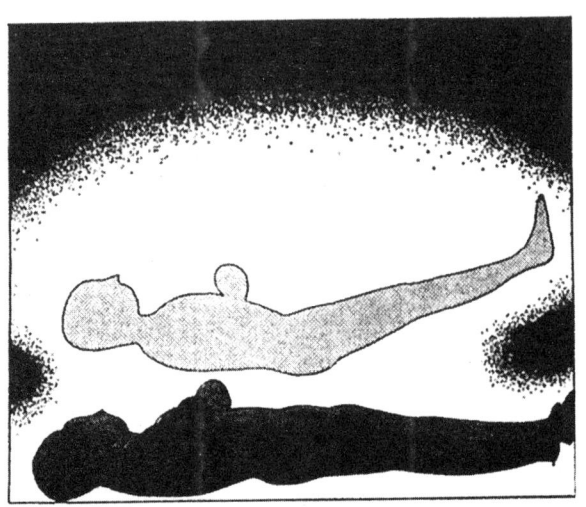

수도 있다.
 이상 말한 것은, 인간이 자연사를 했을 경우의 일이다. 자연사에도 여러 종류의 엑토플라즘의 육체이탈 형태가 있으나, 그 엑토플라즘은 대체로 90퍼센트가 육체에서 이탈할 수 있다고 생각된다.

자살의 경우, 영은 어데로 가나?

 자연사의 경우는 앞서 말한 바와 같고, 다음에는 이번의 주요 주제인 부자연사(不自然死)에 대하여 말하기로 한다.
 부자연사란, 자살·사고·자살(刺殺) 따위로 죽는 일이며, 옛부터 흔히들 말하는 '방바닥 위에서 편히 죽을 수 없는' 상태를 이른다.

이와 같은 죽음의 방법은 인간에게 있어서 가장 불행한 일이며, 그런 탓으로 대부분이 '원한(怨恨)'을 강하게 남기고, 원한령(怨恨靈)이나 악령(惡靈)이 되어, 영장(靈障)을 일으키는 것이다.
 그도 그럴 것이 자연사를 한 경우는 90퍼센트의 엑토플라즘이 육체에서 이탈하는데 비해 부자연사(不自然死)를 한 경우는 30퍼센트가 조금 넘는 정도 밖에 엑토플라즘이 육체에서 이탈할 수 없는 것이다.
 같은 자살이라도 목을 매거나, 분신했을 경우는 더 적고, 육체이탈된 엑토플라즘 그 자체도 크게 파손되어 있다.
 그렇다면 부자연사를 자살에 한한 것만 말해보기로 한다.

① 목을 매는 자살
 최근에 젊은 세대에서 가장 많이 자살하는 수단으로 쓰고 있는 것이다
 이 목을 매는 자살은 가장 추한 자살 방법으로서 옛 사람들은 싫어하고 피했다. 그도 그럴 것이 사자(死者)의 구멍이란 구멍에서는 모조리 오물(汚物)이 흐르고 보기에도 무참한 모습이 되고 말기 때문이다.
 목을 매어 자살한 육체는 뇌수(腦髓)와 혈관기능이 몹시 손상을 입고 말지만, 엑토플라즘도 마찬가지로 손상을 입고 생전의 형태로 돌아갈 수 없게 된다.
 이런 탓으로 엑토플라즘은 육체와 자살 현장에 대부분 남고 말게 된다. 그렇기 때문에 이야말로 영으로서 정화(淨化)는 말할 것도 없고, 성불(成佛)도 좀처럼 할 수 없게 된다.

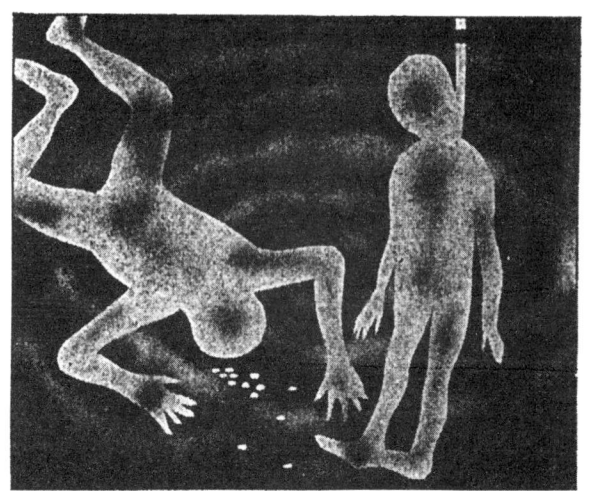

① 목을 매 자살하는 경우와 ② 음독자살인 경우의 엑토플라즘

② 음독 자살

이것은 농약(農藥)·청산가리·수면제 따위에 의한 자살을 말한다. 이와 같은 독약은 좀처럼 구할 수 없으므로 이같은 수단으로 죽는 사람의 수는 그다지 많지는 않을 테지만, 근래에는 농약을 사용하는 경우가 눈에 띄게 되었다.

음독 자살을 한 사람의 경우, 육체는 각 기능이 손상되어 있고, 그것은 엑토플라즘에 크게 영향을 주고 있다. 음독 자살한 사람의 엑토플라즘은 90퍼센트 가까이가 육체, 또는 자살한 현장에 남아 있어서 육체이탈하는 것은 단 10 퍼센트 정도로 생각된다.

이 말은 목을 맨 자살의 경우와 마찬가지로 엑토플라즘은 이승에 남아있고, 유계에도 영계에도 갈 수 없는 것이다.

영(靈)으로서의 정화도 성불도 하지 못한다는 것이다.

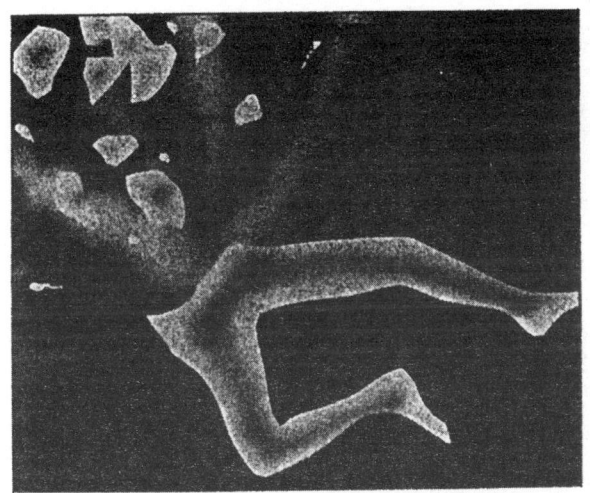

(A) 상반신이 파손된 경우의 엑토플라즘

③ 투신(投身), 뛰어 드는 자살

이 경우는 높은 곳, 빌딩이나 아파트 같은 곳에서 뛰어 내려 죽거나, 자동차나 기차에 뛰어 들어서 죽는 일이다.

이 같은 자살 방법은 자살자가 죽기 직전 까지도 심리적인 고뇌(苦惱)를 안고 있으므로, 그 혼란이 뚜렷이 나타나 있다. 이 방법에서는 육체의 파손 상태가 다르므로, 파손된 각 부위별로 말하기로 한다.

(A) 상반신(上半身)의 파손

투신이나 뛰어듬으로 상반신이 파손되었을 경우, 엑토플라즘은 흩어지고 만다. 흩어져 버린 엑토플라즘은 그 다음에 일체화(一體化)되기가 극히 어렵고, 육체의 상반신과 하반신이 조각조각이 되고 말게 된다.

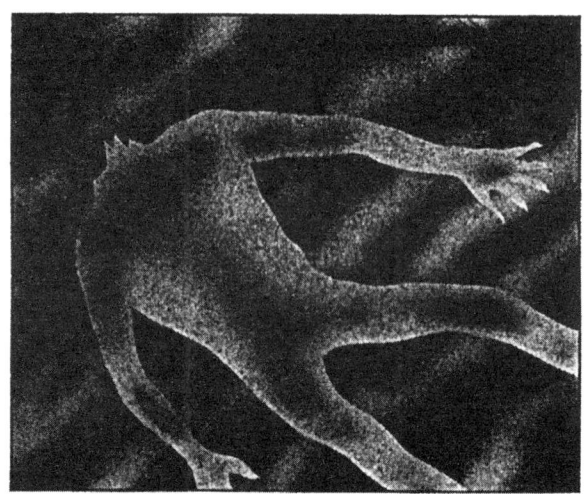

(B) 목에서 위만 파손된 경우의 엑토플라즘

 따라서 하반신(下半身)의 육체에서 이탈한 엑토플라즘만이 유계에서 영계로 가게 되는 셈이 되고 만다. 생전의 형태를 잃은 엑토플라즘은 정화되고 성불되는 일은 없다고 할 수 있다.

 (B) 목에서 위가 파손된 경우
 이것은 높은 곳에서 뛰어 내려, 목에서 위를 강타 당해 파손되거나, 뛰어 들어서 목으로 부터 위가 절단되어 파손되고 사망했을 경우의 것이다.
 이와 같은 자살을 했을 경우, 목에서 절단 또는 파손되고 마는 셈이므로, 뇌수(腦髓)는 못쓰게 되고 만다. 그런 탓으로, 엑토플라즘이 만약 육체이탈을 하더라도 생전의 형태는 완전히 잃어버리고만 것이다.

육체이탈도, 파손이 적은 목에서 아래이며, 목에서 위는 없는 변형된 엑토플라즘이라는 형태가 된다. 이 형태로는 유계나 영계로 들어가기란 매우 어렵고 정화도 되지 않는다.
 앞에서 말한 지바 고교생의 영을 도저히 부를 수 없는 것은, 이와 같은 원인 때문이 아닌가 생각된다.

 (C) 오른쪽 반신(半身)의 파손
 이것 또한 높은 곳에서 뛰어내리거나, 뛰어들었을 경우에 흔히 있는 현상이다. 오른쪽 반신이 엉망이 되버렸고, 때로는 목도 파손되고만 경우이다.
 육체가 이와 같이 심하게 파손되고 말기 때문에, 당연히 엑토플라즘도 마찬가지로 파손되고 만다. 그러므로 생전의 형태가 없는건 말할 것도 없다.
 몹시 파손된 육체에서 엑토플라즘의 육체이탈은 어렵지만, 만약에 육체이탈이 됐다고 하더라도 이 경우는 왼쪽 반신의 엑토플라즘 밖에 육체 이탈이 되지않고, 오른쪽 반신의 엑토플라즘은 육체 또는 자살 현장에 남고 만다.

 (D) 왼쪽 반신의 파손
 오른쪽 반신의 파손과 완전히 반대라고 생각해 주면 되는 셈이나 한 가지 다른 것은 심장이 파손되고 말기 때문에, 육체이탈이 됐다고 하더라도 엑토플라즘에 당연히 갖춰져 있어야만 할 유기체(有機體)가 모두 없어져 버리고만 것이다.
 그런 까닭으로 영계나 유계로 들어가는 일은 지극히 어려워지고 만다. 엑토플라즘은 육체와 함께 자살 현장에 남아 있는 일이 많다.
 이상 말한 것이 투신, 뛰어 들어 자살한 경우의 일이다.

제2장 자살자의 엑토플라즘은 영계에 안주할 수 없다 127

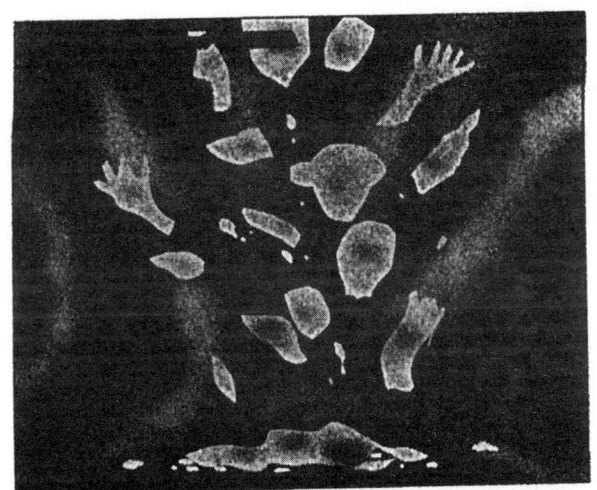

④ 분신 자살인 경우의 엑토플라즘

④ 분신(焚身) 자살

예전에는 거의 없었던 자살 수단이었으나, 최근에는 꽤 많아졌다. 자기 자신을 불태워 죽이는 극히 잔혹한 것이다. 십수년전, 태국의 승려가 이 분신 자살을 기도하고 그 사진이 신문 잡지에 실렸을 때 사람들은 모두 전율을 금치 못했었다.

설마 일본의 여사원이, 학생이, 경찰본부장이 이 방법으로 자살하리라고는 당시 아무도 생각하지 못하였다고 생각한다.

이와 같이 분신 자살을 한 경우에는 육체가 불타 들어가는 속에서 엑토플라즘은 육체이탈을 하는 게 아니라, 분해되어 사방으로 흩어지고 만다. 물론 생전의 형태는 없어져 버렸고, 자살 현장에 그 대부분이 남아 있게 된다.

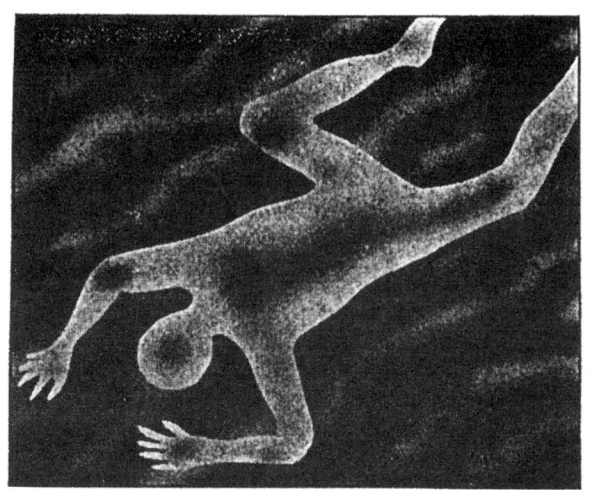

⑤ 물에 뛰어드는 자살인 경우의 엑토플라즘

그런 까닭으로 정화나 성불은 지극히 어렵고 설령 가능하다 할지라도 자연사의 경우의 몇 배의 세월이 걸리고 만다.

⑤ 물에 뛰어드는 자살

이런 경우 높은 벼랑 위에서 뛰어 내려 물에 빠지는 경우나 얕은 곳에서 부터 깊은 곳으로 들어가서 자살하는 경우와 두 가지가 있다.

어떤 방법이건 이런 자살은 육체의 파손은 적으나, 엑토플라즘은 육체에 남아 있어서 이탈할 수 없는 경우가 많다.

까닭은 물이 엑토플라즘에게 주는 영향으로 엑토플라즘의 유기체는 몹시 손상을 입기 때문이다.

혈관(血管)이나 심장(心腸)의 손상은 다른 자살 방법과 마찬가지 정도로 생각되고 있다.

자살령(自殺靈)은 유계(幽界)로도 영계(靈界)로도 들어갈 수 없다

 지금까지 밝힌 것이 부자연사(不自然死), 특히 자살한 경우의 영으로서 엑토플라즘의 육체이탈 상태이다. 분명히 말할 수 있는 것은 어떠한 방법일지라도 엑토플라즘은 생전의 형태대로 깨끗이 육체이탈 할 수 없다.
 무슨 말인가 하면, 자살을 할 경우에는 영이 육체이탈을 제대로 할 수 없어 유계에도 영계에도 들어갈 수 없고, 산 지옥 이상으로 잔인한 사후(死後)지옥에서 고통을 받지 않으면 안된다.
 엑토플라즘이 육체에서 이탈하는 것에 대하여 한마디 말하고자 한다. 엑토플라즘이 육체에서 이탈하는 것은 죽은 뒤 빠르면 한 달, 보통은 3개월, 늦어도 6개월이라고 한다. 다만 이것은 자연사(自然死)를 했을 경우이고, 부자연사(不自然死)는 경우가 다르다.
 부자연사의 경우는 본인이 죽음을 결의하고 사흘째 되는 날로부터 엑토플라즘은 극히 소량씩 육체이탈을 하기 시작한다. 하지만, 현실적으로 생명을 끊었을 경우, 그 방법에 따라서는 대부분의 엑토플라즘은 남아있는 채로 있는 것이다. 그런 까닭에 자살한 영은 안주(安住)할 사후의 세계로 들어갈 수 없게 되는 것이며, 죽음을 계기로 삼아 새로운 생명체(生命體)를 얻을 수 없게 되는 것이다.

제3장
자살미수자들이 본 사후세계

1. 저승에서 안주할 곳은 없다

자살은 고통으로 부터의 영원한 도피는 될 수 없다

　사람은 누구나 한 두번쯤 자기 자신의 손에 의한 죽음, 이른바 자살을 생각한 일이 있을 것이다.
　괴로운 상황에 처했을 때, 사람은 자기를 비극의 최대의 주인공으로 만들기 쉽기 때문이다.
　그와 같을 때, 죽음이라는 것이 지극히 용기 있는 행동으로 보이게 되고, 괴로운 경지에서 빠져나가는 유일한, 또한 최선의 방법이라고도 생각하게 마련인 것이다.
　필자 자신도 그와 같은 생각을 했던 일이 있었다. 필자가 자살을, 혹은 동반 자살을 생각한 일은 여러 차례나 있었다. 괴로울 때, 역경에서 아무리 발버둥쳐도 빠져나갈 수 없는 상태로 몰리고 말았을 때의 일이었다.
　특히 종전(終戰)을 외지에서 맞은 필자 같은 이에게 있어서는 죽음 이외에 자기를 살리는 방법은 도저히 없다는 막다른 골목까지 몰리고만 일이 있었다.
　먹고 싶어도 먹을게 없고, 먹을게 있으면 돈이 없었다.
　항상 남을 지배하던 입장에 있던 사람이 피지배자(被支配者)의 입장에 놓였을 때, 자신에게 쏟아지는 눈초리는 온통 차갑고 적개심에 가득 차 있다.
　숨을 쉬는 데도 주위의 눈치를 살피지 않으면 안되는 극히 냉엄한 상태로 몰렸을 때, 사람은 죽음, 즉 자살을 생각하게 되는 것 같다.
　세상에는 죽음을 생각하면서 죽지 못하고 살아 가는 사람이 많이 있다. 필자가 알고 있는 어느 연예인은 몇번씩이나 죽음을 생각하고, 자살을 생각하고, 또한 죽음을 원하고 약을 먹고 자리에 눕는 날이 많았다고 한다. 하지만 역시 죽을 수 없었다.
　예능인만이 아니다. 텔레비 방송국의 디렉터 중에도, 또한 출판사 편집자 중에도,
　"더 이상 꾸려나갈 수 없으니, 아주 자살해버리고 말까 하고 생각한 일이 몇 번 있었습니다."
　이렇게 말하는 사람이 몇 사람씩이나 있다.
　죽는 용기, 사는 용기, 어느 쪽이건 쉽지 않은 일이다. 하지만 인간은 인간으로 태어난 이상, 살아가는 길을 걷지 않으면 안된다.
　최근의 경향으로 보면, 특히 두드러지는 게 자살자 가운데는 육체 노동자보다도 정신 노동자의 수가 많다는 것이다.
　물론 여성도 있다. 정신적인 면에서 연약한 걸 이기지 못하는 여성도 많다.
　특히 빠뜨릴 수 없는 것이 젊은 10대의 학생이 저지르는 자살인 것이다.
　사람인 이상, 아무리 괴로워도 살아가는 길을 가지 않으면 안된다. 하지만 사는 괴로움에서 도피하는 일이 스스로의 생명을 끊는 자살이라는 동기가 되고 있는 것 같으나, 자살이라는 수단이 과연 괴로움에서 영원히 도피하는 일에 이어지

는 것일런지?
 필자는 죽음이 모든 것의 끝은 아니라고 생각하고 있다. 죽음은 새로운 생명에의 출발이며, 하나의 죽음을 가지고 모든 것에 종지부가 찍힌다고 생각한다면 잘못이 아닐런지?
 현실의 괴로움 이상으로, 사후의 세계에도 괴롭고 무서운 일이 존재하고 있는 것이다.
 죽음이라는 것을 진정으로 진지하게 포착했을 경우, 스스로 생명을 끊는다는 행위는 취할 수 없을 것이다.

자살자에 대한 크나 큰 분노

 이번에 필자가 자살이라는 주제(主題)로 쓸 생각이 든 것은 심령적인 뜻도 물론 있으나, 그 밖에 필자의 몸 속에 있는 '분노의 피'가 '분노의 부르짖음'을 외쳤기 때문이다.
 다시 말해서, 필자는 사생아(私生兒)라는 지극히 큰 핸디캡을 지고 이 세상에 태어난 것이다. 더욱이, 어머니가 필자를 유산시키려고 한 탓으로 다리에 장해를 일으키고 있다.
 물론 이와 같은 일이 무슨 일을 하건 큰 장애가 되고 있다는 뜻은 아니다. 다른 사람과 마찬가지로 모든 일을 할 수 있다.
 그 정도의 장애라고 하긴 해도, 역시 장애는 장애였다. 또한 청춘 시절을 중국 혁명에 몸 바쳐 온 15년 동안의 공백기간도 필자가 짊어지고 있는 큰 핸디캡인 것이다.
 지금에 와서야, 그다지 문제 삼지 않게 되었으나, 필자가 성장하는 과정에서는 사생아에 대한 차별은 몹시 심했다.
 어렸을 때, 사생아라는 이유가 괴롭힘의 대상이 되었다.
 학교에 가도 아이들로 부터, 또한 그들의 부모로 부터의 이중, 삼중의 시달림을 받았다. 하지만 필자는 이와 같은 괴롭힘 속에서 자기 나름대로 사생아혼(私生兒魂)이라고 할만한 것을 만들어 갔다.

"질게 뭐야!"

"절대 포기하지 않는다, 두고 보자!"

그런 마음으로 필자는 살아 왔다.

이 책이 핸디캡을 지고 살아 온 필자 자신의 인생을 쓰는 게 아니므로 자세한 것은 여기서 말할 수 없다.

하지만 대부분의 사람이 스스로의 생명을 끊지 않으면 안될 정신적, 육체적인 고통에 비한다면, 사람에 따라서는 네 고통 따윈 문제도 안돼, 이렇게 말할지도 모른다. 하지만 필자에게 있어서 60년을 사는 동안의 심신(心身) 양면의 크나큰 핸디캡은 나름대로 괴로운 것이었다.

괴로움 가운데, 필자는 자기 자신에게 지지 않고 살아 나가는 일을 항상 생각해 왔다.

근성(根性)이라고 할까, 지기 싫어하는 혼(魂)이라고 할까, 하여튼 그런 것으로 스스로를 버티고, 단련하고 살아 왔다.

언제든, 기회가 있으면 필자 자신의 이 60평생 간직하고 이루어 놓은 사생아혼(私生兒魂)이라는 것에 대하여 쓰고 싶다고 생각할 정도이다.

이것이 필자의 자살자에 대한 분노의 피인 것이다.

죽지 않고 사는, 죽지 않고 고통 속에서 스스로를 강하게 만들어 가는 것으로 인생을 멋지게 만들어 간다는 마음 가짐이 바람직하다고 생각한다.

죽음에서 살아난 이 만이 말할 수 있는 체험담

다음에 소개하는 것은 자살에 실패한 사람의 체험이다. 쓰고 있는 동안에 필자는 몇 차례나 붓을 멈추고 그만 두려고 생각했다. 분명히 그 또는 그녀들에게는 자살을 하지 않으면 안될 원인이, 그리고 동기가 있었다. 하지만, 죽어 버리면 패배(敗北)가 아닐런지? 자기 자신에게 지는, 살아가는 것에 지고만 결과가 된다.

사는 일에 진 사람이 저승인 사후의 세계에서 안주할 수 있을 것인가? 아니 안주할 수 없는 것이다. 그 일은 자살에 실패한 사람 스스로가 인정하고 있는 일이다.

자살 미수로 그쳤으니까 그래도 다행한 일이다. 만약 미수가 아니었던들, 어떻게 되어 있을 것일까? 생각만 하여도 소름이 끼친다.

여기서는 자살 미수자가 죽음을 택하기 까지 쫓기고 쫓긴 갖가지 상태, 그리고 자살을 꾀하고 가사상태(假死狀態) 속에서 얼핏 본 저승의 모습. 그리고 지금 되돌아 보고 자살이라는 수단이 과연 어떤 것이었는지를 독자 여러분이 다 같이 생각해 준다면 다행이라고 여긴다.

살아 가는 일에 조금이라도 불안을 느끼고 있는 사람에게 강하게 산다는 것을 생각하게 해준다면 더없이 다행한 일이다.

감히 자살에 실패한 사람의 체험을 여기에 묶은 것은 그와 같은 뜻에서 비롯된 것이다.

2. 불타는 화살, 백골이 된 쥐, 해골이 덤빈다

농약을 마시고 자살한 열 여섯살 소녀

"누나! 누나! 어데 있어?"
 남동생 데쓰오(14세)군은 누나인 마끼(16세)양의 방을 들여다 보았다.
 "어떻게 된 거야? 누나!"
 저녁 때인데 방 안은 깜깜 했다. 전등을 켠 데쓰오는 기겁을 하게 놀라 기절할 지경이었다. 누나인 마끼양이 방바닥에 쓰러져 있고, 곁에 농약병이 딩굴고 있었다.
 "아버지, 어머니! 큰 일 났어요!"
 데쓰오군은 큰 소리로 외쳤다.
 1984년 10월 20일, 야마가다시(山形市)의 쓰지무라(迅村)씨 집에서 일어난 일이다.
 "누나가 죽었어!"
 데쓰오군은 큰 소리를 지르며 부모를 찾았으나, 아무 곳에도 보이지 않았다.
 "아주머니 도와 주세요! 누나가 죽었어요!
 데쓰오군은 이웃 집에 도움을 청했다.
 "뭐라고? 마끼가?"

이웃 집 아주머니가 깜짝 놀라서 달려와 주었다.
"이, 이거 큰 일이군, 빨리 의사 선생님을 불러야지!"
큰 소동이 빚어졌다. 데쓰오군은 마끼양에게 매달려 몸을 흔들었다.
"누나! 누나! 죽으면 안돼!"
데쓰오군은 마끼양의 귓가에서 소리를 질렀다.
"……"
마끼양은 구급차로 병원에 실려 갔으나, 의사는 고개를 갸웃등 거렸다. 이윽고 살아나지 못할지도 모른다고 말했다.
"안돼, 누나! 죽으면 안돼! 죽으면 안된단 말야!"
데쓰오군은 반쯤 미친듯이 울부짖는 것이었다.
의사는 마끼양을 살리도록 온 힘을 다해 주었다.
"어디에 가 계셨어요! 누나가 죽게 됐단 말예요!"
데쓰오군은 술에 취한 아버지가 이웃집 아저씨에게 이끌려 병원에 오자, 그 가슴을 치면서 울부짖었다.
"시끄러워! 마끼는 죽었냐?"
"몰라요, 의사 선생님은 죽을지 모른다고 했단 말예요!"
데쓰오군은 아버지를 원망스럽다는 듯이 노려 보았다.
"엄만 어디 갔어?"
"시끄러워, 그런 걸 내가 어떻게 아냐?"
아버지는 내뱉듯이 말하고는 의자에 쓰러지듯이 앉았다.
"데쓰오야, 엄마는 아주머니가 찾으러 가셨으니까 곧 오실게다."
이웃 집 아저씨는 데쓰오군을 위로해 주듯이 말했다.
데쓰오군은 머리를 감싸듯이 하고, 아버지에게 등을 돌리고 앉아 있더니, 갑자기 일어나 치료실로 들어 갔다.
"선생님, 저 여기 있게 해주세요. 누나 곁에 있게 해주세요."
"그래 괜찮다. 있어라."
의사는 고개를 끄덕이며 대답했다.
"누나! 누나! 죽지 마! 죽으면 안돼!"
데쓰오군은 축 늘어진 마끼양의 손을 꼭 쥐고 귓가에서 부르고 있었다.

헌신적인 간호를 하는 동생

"오! 살아난다!"
마끼양이 숨을 몰아 쉬었다.
"누나!"
데쓰오군은 마끼양의 몸에 매달려서 기뻐했다. 그때,
"마끼야! 무슨 바보 같은 짓을 저질렀냐?"
이 또한 술 냄새를 풍기며 어머니가 비틀거리며 방으로 들어왔다.
"바보! 못난년! 소란을 피우다니!"
어머니는 아직 완전히 의식이 돌아와 있지 않은 마끼양의 몸을 때렸다.
"그만 둬! 저리 비켜요!"
데쓰오군은 소리치며 어머니를 떼밀었다.
"데쓰오, 무슨 짓이냐! 부모에게!"
어머니는 비틀거리며 일어났다.
"데리고 나가!"
의사가 엄한 투로 조수에게 명령하였다. 조수는 몸부림 치는 어머니를 치료실 밖으로 끌어 냈다.
의사는 떫은 얼굴 표정이었다. 딸이 자살을 했다는데, 부모가 모두 술에 취해 있다니…… 하고 속으로 화를 내고 있던 것이었다.
"데쓰오군, 누나는 이제 안심해도 된다. 살아날테니 조금 쉬고 있거라."
의사는 헌신적인 간호를 하고 있는 데쓰오군을 병실 한쪽에서 쉬게 했다.
"푹 쉬어라, 눈을 뜨면 부르러 갈께."
의사는 데쓰오군을 다정하게 위로하고 쉬게 했다.
"저 아가씨의 자살 원인은 무엇이었을까요?"
의사는 원인을 조사하기 시작한 형사에게 물었다.
"유서 같은 것이 없어서 뚜렷한 것은 알 수 없으나, 근처 사람의 말로는 부모하고의 문제 같습니다."
"그럴 테지요. 저런 부모라면, 자식도 지겹게 되겠지요."
의사는 내뱉듯이 말했다.
"언제쯤 의식이 완전히 돌아오겠습니까?"
"분명한 건 알 수 없지만, 내일 오후쯤이면 이야기는 할 수 있을 겝니다."
의사도 형사도 자살을 꾀한 마끼양에게 동정적이었다.

사경을 헤매기를 30시간 만에

"누나!"
"데쓰오!"
오누이가 눈물의 대면을 한 것은 날이 샌 23일 아침이었다. 마끼양은 30시간 가까이나 사경(死境)을 헤매다니 살아난 것이다.
"마끼야! 부모 낯에 똥칠을 해도 유분수지!"

어머니는 의식을 되찾은 마끼양을 보자마자 노발대발 했다. 마끼양은 그런 어머니를 노려볼 뿐 아무 말도 하지 않았다.
"마끼야, 어쩌자고 이따위 짓을 했느냐?"
아버지도 책망하는 듯한 말투로 말했다.
"나가요! 누나가 불쌍하지도 않단 말예요?"
데쓰오는 부모 앞에 막아 서듯이 하며 소리쳤다.
"넌 잠자코 있어!"
아버지가 화가 나서 데쓰오군을 밀어젖혔다. 마끼양은 무서운 형상으로 그런 아버지를 노려 보았다.
"환자는 아직 완전히 회복된 게 아니니까 조용히 있게 해 주시오."
보다 못한 의사가 주의를 주었다.
"허지만 선생님, 이년은 세상에 얼굴을 들 수 없는 짓을 저질렀단 말입니다. 이대로 용서해줄 순 없단 말입니다."
"그렇다마다요, 죽지도 못할 못난 년이죠!"
어머니 조차도 마끼양을 욕했다.
"시끄러워요! 나가요! 나가! 누나가 불쌍하지도 않아요?"
데쓰오군은 담요에 얼굴을 파묻고 울고 있는 마끼양을 감싸듯 하며 큰 소리로 외쳤다.
"뭐라고? 이 자식이!"
아버지가 주먹을 쳐들었다.
"그만 두시오! 병원 안에서 폭력을 쓰는 건 용서할 수 없어요! 두분 다 우선 나가 주시오. 좀더 부모다운 마음이 생기거든 다시 오시오."
의사는 부모를 병실에서 내쫓았다.
"데쓰오군도 마끼양도 아무 걱정 말아요."

부둥켜 안고 울고 있는 오누이에게 의사는 다정하게 말을 걸었다.
얼마후 형사가 사건을 조사하기 위해 와서 의사도 그 자리에 입회하기로 했다.
"마끼양, 쓰지무라마끼양 맞죠?"
"예"
"마끼양, 어째서 농약 같은 걸 마셨지요?"
"죽으려고요."
"어째서, 어째서 자살 같은 걸 하려고 생각했지?"
"그런……"
마끼양은 그 이상은 아무 대답도 하지 않았다. 다만 말 없이 눈물을 흘릴 따름이었다.

자살을 생각하는 소녀에게서 온 편지

마침 마끼양이 형사에게 조사받고 있을 무렵, 필자는 두툼한 봉투를 받았다. 보낸 사람은 야마가다시의 쓰지무라마끼라고 씌여 있었다.
소인은 10월 20일 오전, 이 소인 날짜는 나중에 안 일이지만, 마침 마끼양이 자살을 계획한 날이었다.
개봉하니, 한 통의 편지와 한 권의 공책이 나왔다. 편지에는 다음과 같이 씌여 있었다.
"나까오까 선생님, 저는 선생님의 팬입니다. 2년 전에도 편지로 여러가지 질문을 보낸 일이 있었습니다만, 선생님께서는 친절하게 답장을 주셨습니다. 그리고, 답장 맨 끝에 앞으로도 무슨 일이 있으면 편지를 보내라고 써주셨습니다. 그래서 이 편지를 썼습니다.

선생님! 전 지금 몹시 괴로워하고 있습니다. 살아 있는 게 싫을 정도로 괴로워 하고 있습니다. 저 혼자라면 어데론가 도망치거나 죽어버리면 좋겠지만, 데쓰오라는 남동생이 있어서 불쌍해서 그 짓도 할 수 없습니다.

저의 괴로움은 부모의 일입니다. 아버지도 어머니도 술주정꾼으로 날마다 술에 취해서는 싸움을 합니다. 두 사람 모두 이유없이 이틀이고 사흘이고 집을 비우는 일이 있습니다. 친척들에게 의논을 했지만, 아무도 상대해 주지 않습니다.

저는 부모를 원망하고 있습니다. 미워서 미워서 견딜 수가 없습니다. 제 부모에게는 뭔가 악령(惡靈)이 붙어 있는 걸까요? 제게 불행을 가져 오는 악령이 붙어 있는 걸까요?

선생님 가르쳐 주세요. 도와 주세요. 이대로는 저는 도저히 살아 갈 수 없습니다. 금방이라도 자살해 버리고 싶은 심정입니다.

죽어서 부모에 대한 원한을 갚을까도 생각합니다. 제가 죽어서 부모에 대한 원한을 풀 수 있을까요?

가르쳐 주세요, 부탁합니다. 지금의 저는 죽는 일로 머리가 꽉 차 있습니다. 선생님 어떻게 하면 좋습니까? 가르쳐 주세요. 자살을 생각하는 소녀

마끼 올림

필자는 이 편지를 읽고 머리를 감싸고 말았다. 여러 가지 상담을 하는 편지는 오지만, 이런 무서운 내용의 편지는 처음이었다.

하지만 내용으로 미루어 보아 그대로 팽개쳐 버릴 수가 없었다. 하여튼 전화를 걸려고 생각하고 전화번호를 알아 보라고 시켰다. 그 사이에 필자는 공책을 읽어 보았다.

부모에 대한 원한에 찬 소녀의 노트

×월 ×일

오늘도 부모가 집에 없는 채로 나혼자 있다. 못된 부모다. 죽여 버릴까! 죽어 버려, 못된 부모야! 죽어서 지옥에나 가라!

×월 ×일

싸움질이다, 하려거든 더 화려하게 해라! 싸워서 서로 죽이면 좋겠다! 데쓰오가 엉뚱하게 화를 입고 다쳤다. 이게 무슨 부모람, 저게 정말 부모가 할 짓이냔 말야! 못된 부모 죽어라! 농약을 술에 타 줄까…… 화나면 정말 할 거다. 정신 차려! 영감태기!

×월 ××일

어째서 내가 부부 싸움의 화풀이 상대가 돼야 한단 말이냐. 싫으면 일찌감치 헤어져버려. 저희 좋아서 나를 낳고 잘난척 하며 부모다 부모다 말하지마! 부모라면 부모답게 하는 게 어때? 다른 부모는 당신네 같이 못되지 않았단 말야!

못된 부모, 술 주정뱅이 바보 천치들……죽어버려라! 싸움박질이나 하는 주제에 뭣때문에 함께 자는 거야, 구역질 난다. 빨리 없어져버려, 그럼 속이 시원할 거야, 부모의 책임도 질줄 모르는 부모는 없는 게 차라리 낫다.

×월 ×일

하마터면 불이 날뻔 했다. 술 주정뱅이 아버지가 잔뜩 취해서 난로 불을 뒤엎어 버리려고 했어. 그런데 어째서 가엾은 데쓰오가 화상을 입고, 아버지는 아무렇지도 않은 거냔 말이야!
 하느님은 불공평하다! 저런 주정뱅이 아버지야말로 불타 죽으면 좋았을걸. 주정뱅이 어머니는 벌써 닷새째나 돌아오지 않는다. 어디서 죽은 걸까? 차라리 죽어버리는 게 잘 되는 거야.

×월 ×일
 뭐가 어머니냔 말이다. 술에 취해서 난동을 부리고 나를 때렸다. 나도 때려주었다. 떠밀어 버렸다. 목을 졸라 죽여버릴까 했지만 데쓰오가 말렸다. 데쓰오는 장하다, 역시 사내애란 말야!
 학교에서도 재미없는 일만 있었다. 친구들 모두가 나의 천치 부모에 대하여 수군대고 있다. 분하다, 친구들에게 따돌림 받는 것도 천치 부모 때문인 것이다.

×월 ×일
 어딜 갔는지는 몰라도 못된 부모는 둘 다 돌아오지 않았다. 오늘로 일주일 째다. 속이 시원한 게 좋기만 하다. 데쓰오와 둘이서 살고 있으면 즐겁다. 저런 못된 부모 따윈 돌아오지 않는 게 좋아! 돌아오지 말아라!

×월 ×일
 아버지가 돌아 왔다. 어쩐 일인지 데쓰오와 나에게 선물을 사왔다. 나는 받지 않았다. 더러운 선물 같은 게 필요할 게 뭐람. 아버지는 화를 냈으나 상관없어, 기분 좋다!

나, 사후의 세계를 보고 왔어요

필자는 노오트에 가득 쓴 부모에 대한 원한, 원망을 읽어 가는 도중에 너무나 지독한 것에 아연 실색하고 말았다. 그 무서움과 끔찍함에 가슴이 답답해져서 얼마동안 말도 할 수 없었다.

마침내 전화 번호를 알아 냈다. 편지도 그렇고 노오트에 쓴 것도 그렇고 너무 지독한 내용이어서 그대로 내버려 둘 수는 없어 필자는 직접 찾아 가기로 했다.

"뭐라고, 자살을!"

필자는 현지에 도착하여 마끼양이 자살 미수로 끝났다는 걸 들었다.

"사실은……"

필자는 의사를 만나 편지에 대해서 말해 주었다.

"그렇습니까, 그거 참……"

의사는 마끼양이 남동생 이외의 사람과는 거의 말을 하지 않기 때문에 자살한 원인도 알 수 없어 난처하다고 말했다.

"이것이 제게 보내온 편지와 노트입니다만 보시겠습니까? 하지만 본인에게는 절대 비밀로 해 주십시오."

필자는 의사에게 그걸 보여 주었다. 노트를 읽고 있던 의사는 고개를 갸웃둥거리며 신음 소리를 냈다.

"그 부모를 보니, 여기 씌여진 저 아가씨의 마음을 알겠습니다……"

의사는 고개를 크게 끄덕이며 말했다.

"마끼양, 기분이 어떤가?"

의사의 안내를 받고 필자는 병실을 찾았다.

"앗, 선생님!"

마끼양은 깜짝 놀라 말했다.
"걱정이 돼서 달려 왔다."
"제 편지 받으셨어요?"
"암, 받았지, 받았으니까 이렇게 온 거다. 이제 아무 걱정 마라. 마끼양이 전처럼 건강해져서 내 책을 읽어 주도록 도와 줄께."
"예……"
마끼양은 기쁜듯이 고개를 끄덕였다.
"선생님, 저 자살하려고……"
"알았어, 너의 괴로운 심정은 네가 보낸 노트를 읽어서 다 알고 있다. 하여튼 살았으니까, 하루 빨리 건강해져야 한다. 다만 한가지 말해 두지만, 자살하면 아주 아주 무섭고, 괴로운 사후의 세계에 가지 않으면 안되는 거야. 노트에 적힌 것보다도 더 괴로운 곳이란다."
"……"
마끼양은 필자가 말하는 것을 깜짝 놀란듯이 듣고 있더니, 이윽고 이야기를 하기 시작했다.
"선생님 저, 그 사후의 세계를 보고 왔습니다."
"그래, 어떤 곳이었지? 들려주지 않겠니?"
"예, 말씀 들이겠습니다. 사실은, 이 일은 아직 동생에게도 말하지 않은 거예요."
그렇게 말하고 그녀는 자기가 보고 온 사후세계의 모습을 이야기 하기 시작했다.

불 타는 창에 찔려서 떨어진 공포의 세계

마끼양이 서 있던 곳은 깎아세운 듯한 바위 산에 있는 좁은 외길이었다. 몸을 똑바로 세우지 않으면 떨어져 버릴듯한 좁은 길이어서 마끼양은 발이 땅에 붙어 도저히 걸을 수 없었다. 하지만 걷지 않으면 안되었다. 바로 뒤에, 시커멓고 뭔지 알 수 없는 사람 같은 것이 시뻘겋게 불 붙은 창 같은 것을 들고 서서 마끼양에게 걸으라고 찌르는 것이었다.

마끼양은 덜덜 떨리는 발을 내디디며 좁은 길을 걸었다. 무서워서 걸을 수 없게 되어 웅크리고 앉자, 창으로 등을 세게 찔렀다.

마끼양의 몸은 공처럼 되어 좁을 길을 굴러 떨어졌다. 떨어진 곳은 커다란 독 같은 것의 속이었다. 발 밑에는 수많은 백골이 된 쥐 같은 것이 있어서 마끼양의 다리를 물어 뜯으려고 했다.

마끼양은 비명을 지르면서, 그 곳에서 도망치려고 했다. 간신이 독 주둥이에 손이 닿았다. 그러자 조금 전의 불 타는 창이 마끼양의 손을 찔렀다. 뜨겁고 아파서 비명을 지르며 손을 놓았다. 독 밑바닥으로 떨어진 마끼양을 백골이 된 쥐가 물어 뜯었다. 마끼양은 미칠 것만 같았다. 몇 번이고 도망치려고 했으나 번번이 같은 방법으로 떨어지고 말았다.

얼마의 시간이 흘렀을까, 갑자기 마끼양의 몸이 저절로 공중으로 떴다. 독에서 나온 마끼양은 새처럼 하늘을 날았다. 날으는 사이에 눈 앞에 큰 나무가 보였다. 자꾸자꾸 나무로 다가 갔다. 그대로 가다간 나무와 정면으로 충돌할 것만 같았다.

어떻게든 부딪치지 않으려고 했으나, 어떻게도 할 수 없었다. 마침내 나무의 굵은 줄기에 부딪치고 말았다.

다음에 본 것은 죽은 사람이 목아래 부분을 흙 속에 묻히고 있는 장면이었다. 자세히 보니, 그 묻히고 있는 것은 어머니였다. 마끼양은 놀라지 않았다. 모른체 하고 그 옆을 지나 가려고 하자, 어머니의 손이 쑥 뻗쳐서 마끼양의 발을 잡았다. 마끼양은 그 손을 뿌리치고 도망치려 했다. 하지만 어머니의 손은 떨어지지 않았다.

마끼양은 어렵게 몸만이 간신이 들어갈만한 구멍 속으로 도망쳤다. 그곳에는 해골이 가득 있었고, 뭔지 알아 들을 수 없는 말을 하고 있었다.

마끼양이 무서워서 질려 있으려니까, 갑자기 큰 손이 뻗쳐 와서 목을 웅켜 잡더니 힘껏 나꿔채는 것이었다. 괴로워 몸 부림치고 있을 때 의식이 돌아와서 살아난 것이었다.

살아 있을 때보다 훨씬 괴로운 생각

"무서웠었나?"
"예. 아주 무서웠어요. 죽을 것처럼 고통스러웠어요……"
"마끼양, 무슨 일 있으면 또 자살할텐가?"
"아아뇨, 그럴 생각 없습니다. 이제 절대로 자살은 하지 않습니다. 그렇게 무섭고 괴로운 꼴을 당하는 건 딱 질색입니다."
"그렇지, 자살해 봤자, 영원히 저승으로 갈 수 없으니까, 살아 있을 때 보다도 훨씬 괴로운 생활을 하지 않으면 안된단 말이거든."
"예, 절대로 하지 않겠습니다."
"그래야지, 건강해져야지."

1986년 2월 현재, 마끼양은 자살을 기도했을 때의 후유증이 조금 남아있어서 완전히 건강을 회복하지는 못했으나, 그런대로 슈퍼의 점원으로 일하고 있다.

3. 죽은 어머니 곁에 갈 수 있다고 생각했는데

계모와의 다툼에 괴로워하는 16세 소년

"빈둥거리고 있지 말고 공부라도 하는 게 어떻냐, 먹고 자고, 멍청히 있으면 훌륭한 사람되기 힘들다!"

"시끄러워, 하면 될 게 아냐!"

잔소리를 하는 계모의 말에 오오사까 네야가와에 사는 다니가즈마사(谷和雅 16세·가명)군은 버럭 소리를 지르며 말대꾸를 하였다.

"예쁘지도 않는 자식이니까?"

계모는 손에 들고 있던 걸레를 가즈마사군에게 던졌다.

"뭐 하는 짓이야!"

가즈마사군도 지지는 않았다. 걸레를 줍더니 계모를 향하여 되던졌다.

"자알 하는 짓이다!"

걸레가 얼굴에 맞았으므로 계모는 화가 머리 끝까지 올랐다. 달려들더니 느닷없이 가즈마사군의 발을 걸어찼다.

"사과해라!"

"싫어, 뭣 때문에 내가 사과를 해야 해. 먼저 친 건 그 쪽이잖아!"

가즈마사군은 지지 않았다.
"나쁜 건 네녀석이니까 어미한테 사과해라!"
"싫어, 난 당신 같은 건 어머니라고 생각하지 않아. 내 어머니는 돌아가셔서 없어. 내 어머니는 멋진 사람이었단 말야!"
가즈마사군은 큰 소리로 외치고 자기 방으로 달려 가서 문을 잠그고 말았다.

깨어지기 시작한 가정

가즈마사군의 어머니는 3년 전, 심장병으로 갑자기 죽었다. 가즈마사군은 어머니가 제일 좋았다.
어머니가 입원한 뒤로는 날마다 누나와 함께 병원에 가서 간병을 하였다. 어머니를 끔찍히 생각하는 오누이로 병원에 소문이 났을 정도였다.
아버지는 새로운 사업을 시작했기 때문에 사업에 매달리느라고 어머니의 시중은 오누이가 하고 있었다. 누나는 막 입학한 전문학교를 그만 두고 가즈마사군과 둘이서 어머니의 시중을 들었다.
하지만 오누이의 간병한 보람도 없이 어머니는 돌아가고 말았다. 오누이의 슬퍼하는 모습은 주위 사람들의 눈물을 자아내게 하였다.
어머니가 숨을 거두자, 아버지는 사업때문에 아오모리시(青森市)에 가고 없었다. 열아홉살의 누나는 주위의 어른들이 깜짝 놀랄 정도로 요령있게 아버지가 돌아올 때까지 할 수 있는 일을 했다. 열세살이 된 가즈마사군도 누나를 도와 이웃 사람들을 탄복시켰다.

어머니의 일주기(一週記)가 지나고 얼마 후,
"아버진, 재혼하기로 하였다. 이 분이 앞으로 너희들의 새 어머니다."
아버지가 갑자기 계모가 될 여성을 소개하였다.
"아버지 전 반대예요. 어머니가 돌아가신지 아직 일년밖에 안됐어요. 어머니가 불쌍해요…… 내 친구 아버진 부인이 돌아가고 오년동안 재혼하지 않았어요. 전 반대예요!"
"나도 반대야! 계모같은 것 필요없어!"
오누이는 분명하게 반대를 하였다.
"시끄러! 너희들이 아무리 반대를 하건, 아버진 이 사람과 재혼을 한다! 정 싫으면 너희들이 이 집에서 나가버려!"
아버지는 차갑게 내 뱉았다.
"나 나가겠어요. 난 그 사람 싫어요. 회사의 공동 경영자인지 뭔지 모르지만 싫어요. 애당초 어머니가 병이 생긴 것도 그 사람이 아버지를 가로채려고 했기 때문이예요."
"뭐라고, 건방 떨지 말아!"
아버지는 화가 난 김에 누나의 뺨을 때렸다.
"뭐 하는 짓이예요, 누나가 불쌍하지도 않아요?"
가즈마사군은 누나를 감싸주려고 했으나, 그 작은 몸집은 아버지에게 동댕이 처지고 말았다.
"나도 누나와 갈 거야!"
가즈마사군은 누나를 따라서 집을 나가려고 했으나, 아버지에게 잡히고 말았다.

"뭐라고! 누나가?"
가즈마사군은 크게 충격을 받았다. 집을 나가서 반년쯤 지났을 무렵, 누나가 일하던 회사차가 사고를 일으켜서 즉사하고 만 것이었다.
"부모에게 거역을 하니까 그런 꼴을 당하는 거지."
계모는 누나의 죽음에 대하여 냉담하였다.
"병신 같으니! 누나를 내쫓은 건 너잖아! 네가 오지 않았으면 누나도 죽지 않아도 됐단 말야!"
가즈마사군의 계모에 대한 반항은 차츰 더 해갔다.

저 여자는 내 어머니가 아니야!

"가즈마사 이리 나와!"
아버지가 돌아와서 큰 소리로 외쳤다.
가즈마사군은 방에서 나와 식탁에 앉아 있는 아버지 앞에 섰다.
"뭐야 그 건방진 태도는! 너 어머니께 걸레를 던졌다지 어떻게 된 일이냐? 말해 봐!"
"내가 던진 게 아냐, 저 쪽이 던졌으니까 되던진 것 뿐이야. 난 잘못 없단 말야, 나쁜 건 저 사람이야."
"뭐야! 그 "저 사람"이라는게. 네 어머니란 말이다!"
"아냐. 어머닌 죽었어. 저 여자는 어머니가 아냐."
"언제까지 그럴거냐. 어머니는 어디까지나 어머니란다. 두 번 다시 그런 말을 하면 아버지가 용서하지 않는다."
아버지는 화를 냈으나, 가즈마사군은 모른체를 하고 있었다.
"저런 식으로 사람을 무시한다니까요. 좀 더 따끔하게 야단 좀 치시라구요. 그렇게 못하신다면 나 헤어지겠어요."
"여, 여보, 무슨 소릴 하는 거야."
"헤어지면 되잖아! 헤어져 버려!"

가즈마사군은 큰 소리로 외치고, 다시금 방 안에 들어가서 문을 잠가 버렸다.
 가즈마사군은 책상 서랍에서 주머니를 꺼냈다. 그곳에는 계모의 얼굴을 그린 인형이 들어 있었다.
 "너 따윈 나가 버려! 나가 버려!"
 가즈마사군은 대나무를 깎아서 만든 대바늘로 인형을 찔렀다. 가즈마사군은 벌써 석달 가까이 날마다 같은 일을 되풀이하고 있던 것이었다.

 마침내 등교도 거부하고……

 "전화 그만 해라! 계집애처럼 무슨 전화를 그리 길게 하냐?"
 가즈마사군이 친구와 전화를 하고 있는데, 계모는 신경질적인 소리를 지르고 전화를 끊고 말았다.
 "뭐하는 짓이야!"
 가즈마사군은 화가 나서 계모의 가슴을 힘껏 떼밀었다.
 "으악!"
 계모는 있는대로 크게 비명을 질렀다.
 가구에 머리를 부딪친 것이다. 가즈마사군은 화가 머리 끝까지 나서, 뒤도 돌아다 보지 않고 자기 방으로 들어가고 말았다.
 "가즈마사! 나와라!"
 아버지의 성난 큰 소리가 나고, 문을 부숴져라 두드렸다.
 "병신 같은 녀석! 어머니를 죽일 셈이냐!"
 아버지는 방에서 나온 가즈마사군을 다짜고짜 두드려 패더니 힘껏 떼밀었다. 가즈마사군은 바닥에 얼굴을 부딪쳐서 코피를 흘렸다.
"이 애는 나를 죽이려고 했어요. 이런 무서운 애는 죽었으면 좋겠네!"
콧피를 흘리며 아버지에게 책망 듣고 매 맞고있는 가즈마사군을 계모는 차가운 눈초리로 보고 있었다.
아버지의 가혹한 매질은 언제까지나 계속되었다.
"사과해! 어머니에게 빌어라!"
"싫어! 왜 빌어!"
가즈마사군은 얼굴이 피투성이가 되면서도 아버지의 말을 들으려고도 하지 않았다.
"밥도 주지 말아!"
아버지는 내뱉듯이 말했다.
그날부터 가즈마사군은 방 안에 틀어박혀 버렸다. 식사도 하지 않았다. 가즈마사군은 죽은 어머니와 누나의 사진을 보면서, 계모를 저주하는 인형에 대바늘을 계속 찔러대는 것이었다.
"가즈마사, 밥 먹어라. 안먹으면 죽는다!"
아버지는 가즈마사군의 방 입구에 음식을 놓고 갔다. 가즈마사군은 이틀 동안 단식을 계속하였으나 사흘째부터는 놓인 음식을 슬며시 먹기는 하면서도 방에서 나가려고는 하지 않았다.
그런 그의 집에 학교의 선생님과 친구가 찾아 왔다.
"가즈마사 학교에 나와라, 모두들 너를 기다리고 있다."
가즈마사군은 열하루째가 되어 간신이 방에 쳐박혀있는 걸 그만두고, 학교에 가기로 하였다. 하지만 아침에 일어났을 때도 저녁때 돌아왔을 때도 계모나 아버지와 얼굴을 마주치지 않으려고 하였다. 그와같은 부자연스러운 통학 생활이 반달 가량 계속 되었다.
"……"
 그날도 계모와 얼굴을 마주치지 않도록 살며시 집으로 들어가 자기 방에 들어가려고 했다. 그러자 방 입구에 무시무시한 표정을 지은 계모가 서 있었다. 그 손에는 가즈마사군이 저주하고 있는 인형이 쥐어져 있다.
"이게 도대체 뭐냐?"
 계모는 인형을 가즈마사군 눈 앞에 갖다 대고 신경질적으로 큰 소리를 질렀다.
"……"
 갑작스러운 일이어서 가즈마사군은 말이 나오지 않았다.
"자 말해 봐, 이게 뭐냐?"
 계모의 부르짖는 소리는 점점 커 갔다.
"당신이야……"
"어머니라고 말해 봐!"
"당신이다. 당신이 나가도록 저주를 해준 거다!"
"악마! 죽어버려! 너 같은 악마는 죽어야 해!"
 계모는 가즈마사군의 얼굴과 몸을 때리고 발로 찼다.
"너야말로 죽어버려! 너 같은 건 나가버려!"
 가즈마사군은 지지 않고 계모를 칠려고 했다. 가즈마사군은 계모를 밀쳐 쓰러뜨리고는 방 안으로 들어가고 말았다. 가즈마사군은 화를 내고 있었다. 계모가 무단으로 그의 책상 서랍을 열고 그의 비밀을 알아버린 걸 용서할 수 없었던 것이다.
"나와라! 때려 죽인다!"
 밤이 깊어서 돌아온 아버지는 가즈마사군의 방문을 쳐부수려는듯 두드리며 소리쳤다. 가즈마사군에게 있어서 아버지의 입에서 나온 '때려 죽인다!'는 말이 충격이었다.
　가즈마사군은 아버지가 잠들기를 기다렸다. 기다리는 동안에 굵은 매직펜으로 방안의 벽이란 벽에 온통 원한에 찬 말을 썼다.
　"너희들 모두 죽어버려! 난 죽어서, 이 억울함을 갚고야 만다! 죽어! 죽어! 죽어버려! 난 죽어 줄 테다! 죽어서 어머니와 누나 곁에 갈 거다!"
　가즈마사군은 슬며시 집을 나와 뒷마당 빈 터에 주차하고 있는 아버지의 차 있는 곳으로 갔다. 이윽고 배기 개스를 차 안으로 끌어들이도록 했다.
　"어머니! 누나! 곧 갈께!"
　가즈마사군은 엔진을 걸고 파이프를 접착 테프로 코에 밀착시켰다.
　1984년 7월 22일 새벽의 일이다.

가사상태(假死狀態)에서 본 무서운 세계

　가즈마사군은 꽃이 온통 피어 있는 아름다운 곳에 서 있었다. 어느 꽃이고 모두 컸다.
　"으윽!"
　그 꽃을 본 순간 가즈마사군은 몸이 오싹해졌다. 어느 꽃이고 모두 사람의 얼굴 모습을 하고 있고, 울고 있는 사람, 웃고 있는 사람, 말없이 성내고 있는 사람으로 각양각색이었다.
　어머니의 얼굴도 있었다. 누나의 얼굴도 있었다. 가즈마사군은 말을 걸려고 했으나 아무리 해도 목소리가 나오지 않는다. 곁에 다가가려고 했으나 도저히 다가갈 수 없었다.

"아앗!"

이윽고 꽃은 보이지 않고, 가즈마사군의 몸이 물구나무 서기로 매달리고, 매달린 채로 몸이 뱅뱅 돌아갔다.

돌아가는 몸에서 팔과 다리가 산산이 떨어져 나갔다. 허리도 떨어져 나가 목만 남은 가즈마사군은 허공을 날고, 사람의 얼굴 모습을 한 꽃에 다가갔다.

그러자, 어머니와 누나가 얼굴을 흔들며 '와선 안돼!' 하고 말했다.

이윽고, 목이 큰 소리를 내고 흙 속으로 파고 들어가듯이 떨어졌다.

그 흙 속에서 가즈마사군의 집과 가즈마사군의 방이 뚜렷하게 보였다.

죽지 못했구나!

"아, 살아난 것 같습니다."

가즈마사군의 눈에 희미하게 흰 가운을 입은 의사의 모습이 보이고, 그 목소리가 들렸다.

"이제 걱정하실 것 없습니다. 목숨은 건졌습니다."

의사가 똑똑히 말했다.

"감사합니다. 소란을 끼쳐드려서……"

아버지의 목소리가 들린다.

"죽지 못했구나……"

가즈마사군은 자기가 자살에 실패한 것을 알았다. 아버지와 시선이 마주쳤으나, 두 사람 모두 아무 말도 하지 않았다.

"주제 넘은 짓이다, 누가 살려낸 걸까……"

가즈마사군은 살려 준 사람을 원망하는 마음이 강했다. 차

안에서 배기개스 관을 물고 있는 가즈마사군을 신문 배달하는 청년이 발견하고 구해준 것이었다.
"가즈마사, 아버지와 둘이서만 살 텐데, 괜찮으냐? 너도 여러 모로 거들지 않으면 안된다."
아버지가 다정하게 가즈마사군의 머리를 쓰다듬었다.
크게 끄덕이는 가즈마사군의 얼굴에는 기쁜듯한 웃음이 번져나갔다.
지금 가즈마사군은 대학 진학을 목표로 쳐진 공부를 되찾기 위해 열심히 공부하고 있다.
가즈마사군 틀림없이 대학에 입학해서 괴로웠던 경험을 살려서 훌륭한 사람이 되어주기 바라네!

4. 그곳은 얼음처럼 차디찬 모래지옥이었다

"사람의 마음이란, 다급해지면 약해지는 것이더군요……. 저는 저 자신이 무척 강하다고 생각하고 있었는데…… 역시 그렇지 못했어요…… 내 자신에게 지고 말았습니다. 지금 생각해보니 자살을 기도하다니, 가장 약한 짓을 저지른 거였어요. 하지만, 그 때는 그 길 밖에 방법이 없다, 이것이 최선의 방법이라고 생각했던 것입니다."

고오베(神戶)에 살고 있는 나까다구미(中田久美 36세)씨는 자기가 저지른 자살 미수에 대하여 다음과 같이 말하고 있다.

누명도 스스로 벗을 만큼 지기 싫어하는 성격

저는 젊어서 부터 남에게 지기 싫어하는 기가 센 여자라고 스스로도 생각하고 있었고, 주위 사람들도 모두 그렇게 생각하고 있었던 것 같습니다.

중학교 2학년때, 학교에서 돈이 없어진 사건이 일어났습니다. 헌데 돈이 없어진 장소 근처에 저와 친구 셋이 있었기 때문에 의심을 받기에 이르렀습니다.

담임인 여선생님은 의심한다기 보다는 오히려 우리를 범

인으로 단정하고 말았습니다. 저는 당치도 않은 누명을 쓰게 된 것이 그만 화가 머리 끝까지 올라, 여선생님께 대들고 말았습니다. 전혀 상상도 못한 일이어서 저는 이성을 잃고 말았습니다. 그러자 그 선생님은,
"돈을 찾을 때까지는 의심을 받아도 하는 수 없지."
하고 말하는 것이었습니다. 점점 화가 났습니다. 저는 친구들을 독촉하여 의심이 풀릴 때까지 교실 앞에서 연좌데모를 벌였습니다. 저녁 때가 되어도 돈을 찾지 못했으므로, 우리는 깜깜해진 복도에서 연좌데모를 계속했습니다.
"오늘은 우선 돌아들 가거라."
교감 선생님께서 그렇게 말씀하셨으나, 저는 잠자코 있었습니다. 어머니가 마중을 왔지만, 저는 완강히 고집을 부렸습니다.
"하여튼 오늘은 집으로 가자. 여기 있어봤자 무슨 수가 나는 게 아니잖니?"
"싫어, 난 훔치지 않았단 말야!"
어머니의 설득도 들으려고도 하지 않았습니다. 친구들은 부모가 데리러 와서 집으로 돌아갔습니다만, 저는 움직이지 않았습니다. 어머니도 선생님도 난처해지고 말았습니다.
9시가 가까워진 무렵이었습니다. 교감 선생님과 담임 선생님이 얼굴이 파랗게 질려서 달려 왔습니다.
"나까다, 미안하다……"
담임 선생님이 무릎을 꿇고 사과하였습니다. 돈을 선생님이 금고 안에 넣어둔 걸 잊었었다는 겁니다.
"면목이 없게 되었다."
교감 선생님도 사과를 했습니다.
"미안하다면 다예요?"

저는 담임 선생님을 노려보며 말했습니다.
"그, 그렇지는 않지만……"
선생님은 어쩔줄을 몰라 했습니다.
"구미야, 선생님께서 사과하셨는데 얘, 이제 그만 됐지?"
"싫어, 난 도둑이 됐었단 말야. 훔치지도 않았는데, 자기가 둔 걸 깜빡 잊고 우리에게 누명을 씌우다니, 너무하단 말야, 난 용서못해!"
저는 스스로 생각해도 깜짝 놀랄 말을 했습니다.
"알았다. 네가 납득이 되도록 할 테니 오늘은 우선 돌아가거라."
교감 선생님이 약속해 주셨으므로, 저는 집으로 돌아가기로 했습니다.
"자기도 의심을 받아보라지!"
돌아갈 때 저는 담임 선생님을 노려보면서 그렇게 말했던 것입니다.
다음 날 수업이 시작되기 전에, 담임 선생님이 모두들 앞에서 우리에게 누명을 씌운 것을 사과했습니다.
"그것으로 되는 건가요? 우리가 의심을 받은 일은 전교생이 다 아는 사실입니다. 그러니까 전교생에게 선생님의 잘못을 알려주세요."
저는 양보하지 않았습니다.
그날 오후, 교내 방송으로 담임 선생님이 자기의 잘못을 인정하고 의심받은 우리에게 사과했습니다. 이 선생님은 곧 학교를 그만 두었습니다.

기가 센 탓으로 고립되다

회사에 근무하기 시작하고도 여러가지 일이 있었습니다. 저는 비교적 계산하는 일에 능숙했으므로, 과장에게 귀여움을 받고 곧잘 과장의 일을 거들곤 했습니다.

언젠가 저는 과장에게 불려갔습니다. 제가 실수한 일로 꾸중을 들었습니다. 하지만 아무리 생각해도 제게는 그 실수가 납득이 되지 않았습니다. 제 글씨와 비슷하긴 했으나, 분명히 저의 글씨는 아닌 겁니다.

"과장님 이건 누군가 저를 빠뜨리려는 함정입니다. 전표에 적힌 글씨는 제 글씨가 아닙니다. 제 글씨의 특징은 이것과 다릅니다. 저를 함정에 빠뜨리려는 범인을 찾아 주세요. 저는 이런 실수 같은 건 안합니다."

저는 필사적이었습니다.

"그런 일이 가능하다고 생각하나? 실수를 했으면 실수를 인정해야지."

"싫습니다. 제가 저지른 실수라면 인정하고 파면이 돼도 상관 없습니다. 하지만, 이것은 다르니까요……"

저는 과장을 물고 늘어졌습니다. 선배도 동료도, 그런 저를 어이없다는 표정으로 보고 있습니다. 하지만 저는 진심이었습니다. 나를 함정에 빠뜨리려는 인간을 찾아내서 혼내줄 셈이었습니다. 저는 과장이나 선배들이 말리는 것도 듣지 않고 범인을 찾기 시작했습니다. 한달 이상이나 걸렸습니다만, 저는 간신이 그 범인을 찾아냈습니다. 어처구니 없게도 그는 바로 친구로만 여겼던 입사 동기였습니다.

"무슨 속셈으로 그런 일을 한 거야?"

저는 그녀의 맨션에 쳐들어 가서 따졌습니다. 하지만 그녀는 아무 말도 하지 않았습니다. 다음 날, 그녀는 회사를 그만두고 말았습니다. 그런 일이 있은 후부터, 회사 사람 모두가 저를 차가운 눈초리로 보게 되었습니다. 저는 차츰 고립되어 갔습니다.

죽는 걸로 영원히 모든 사람을 이긴다!

2년 전, 제가 어머니 일로 선생님께 의논드렸을 때 선생님께선 제게,
"당신은 태연히 남에게 상처를 주는 사람이니까 조심하시오."
라고 말씀하셨습니다. 저의 지기 싫어하는 성격은 많은 사람에게 상처를 주고, 그런 탓으로 저는 고립되어 갔습니다. 직장에서는 모든 사람과 대립되고 있다고 해도 지나친 말이 아닐 거라고 생각됩니다.
"모든 걸 너무 자기 뜻대로 하지 않으면 안된다는 생각은 버려요."
사귀던 남자에게서도 이런 말을 들었고, 그런 그와도 헤어지지 않으면 안되게 되었습니다. 저는 직장에서나 사생활 면에서도 완전히 외톨이가 되고 말았습니다. 저는 나를 피하는 사람을 모두 멸시했습니다. 하지만, 고독이 견딜 수 없어서 기분전환으로 술을 마셨습니다만, 그런 것으로 마음이 후련해질 리가 없었습니다.
'자살……' 저는 혼자서 텔레비젼을 보고 있을 때, 문득 생각했습니다. 텔레비젼에서 마침 저와 아주 흡사한 성격의 여성이 자살한 것을 보도하고 있었던 것입니다.
'죽어버리면 싫은 인간들과 얼굴 마주칠 일도 없어질 것이고, 마음도 편해지겠지……'
'스스로 자기의 생명을 끊는다…… 내가 할 수 있을까……'

어떻게 하면 자살을 할 수 있을까 하고도 생각하였습니다.
 '실패하여 비참한 웃음거리가 되지 않게 하기 위해서는 어떻게 하면 좋을까? 주위 사람들에게 폐를 끼치지 않고 끝나는 방법은 무엇일까……'
 진심으로 생각했습니다. 한번 자살을 결심한 이상은 이미 그 일만을 생각할 뿐 다른 것은 아무것도 생각하지 않게 되고 말았습니다.
 그렇게 되자, 회사에 가도 주위 사람들의 차가운 눈초리가 마음에 걸리지 않게 되었습니다. 오히려 '됐어, 죽어버리면 후련해지는 거다.' 이렇게 생각했습니다.
 '투신 자살을 하면, 추한 모습을 남의 눈에 드러내 보이지 않으면 안된다…… 개스 자살을 하고, 만약 폭발이라도 하면 관계 없는 사람들에게 폐를 끼친다……. 열차에 뛰어들면 어마어마한 손해 배상을 해야 한다……'
 저는 이제, 자나 깨나 자살하는 것 말고는 생각하지 않게 되었습니다. 자살하는 것이 제게 있어서 가장 좋은 길이라고 생각하고 말았던 것입니다.
 "언니, 잘 안돼, 어쩐지 죽고 싶어졌어……"
 "무슨 소릴 하니? 기가 센 너 답지 않다 얘. 네가 패배자인 양 우는 소릴 하다니 어떻게 된게 아니냐?"
 언니는 제가 하는 말을 진정으로 들어주지는 않았습니다. 저는 저대로 '나는 패배자가 돼서 죽는 게 아냐. 죽는 것으로 영원히 꼴 보기 싫은 인간들에게 이기는 거야.' 하고 마음 속으로 생각했습니다. 그것으로 확고하게 결심이 섰습니다.
 '그렇다, 죽는 것으로 영원히 모두에게 이기는 거다!'

마침내 결행(決行)하는 날

저는 수면제를 먹고 면도칼로 손목을 베어 죽는 방법으로 정하고, 결행하는 날을 1984년 9월 14일로 잡았습니다.

결심을 하자, 저는 주변을 정리했습니다. 사귀던 사람과의 일을 적은 일기도, 편지도 깨끗이 태우고 쓸데없는 허섭쓰레기들도 모두 버렸습니다.

그리고 그날 식사를 마치고, 욕실에 들어가 몸을 깨끗이 씻고 머리도 감아 예쁘게 빗은 뒤 언니에게 보내는 유서를 썼습니다.

유서를 쓰면서 '죽으면 정말 이기는 걸까' 하고 문득 생각했습니다만 '이기고 말고, 그것이 내가 갈 길이지.' 하고 고쳐 생각했습니다.

욕조에 물을 가득 넣고, 새 속옷을 입고, 제일 좋아하는 원피스를 입었습니다. 발견되었을 때 추한 꼴로 있고 싶지 않았던 것입니다.

'이것으로 준비는 끝이다!'

저는 스스로에게 들려주듯이 중얼거리고 약을 먹었습니다. 머리속이 몽롱해졌습니다. 저는 면도칼을 들고 욕실로 갔습니다. 그때 머릿속은 텅 비었고, 오직 자살하는 순서를 따르고 있을 뿐이었습니다.

한쪽 팔을 물 속에 담갔습니다. 차츰 의식이 흐려져 갔습니다. 한쪽 손에 면도칼을 꼭 잡고, 면도날을 손목 혈관에 갖다댔습니다.

어딘가에서 울리고 있는 전화벨 소리가 몽롱해진 의식 속에서 희미하게 들려왔습니다. 혈관에 댄 면도날에 힘을 주었습니다. 새빨간 피가 한줄기 물 속으로 흘러가는게 희미하게 보였습니다.

"구미야! 구미야! 정신차려! 정신차리란 말야!"
 언니의 목소리에 무거운 눈을 간신이 뜨자, 눈 앞에 언니의 얼굴이 있었습니다.
 그때 제가 눈을 뜬 것은 극히 한순간의 일이고, 곧 다시 깊은 잠에 빨려들듯이 빠지고 말았습니다. 그러니까, 그때는 아직 도움을 받아 살아났다고는 생각하지 않았습니다.
 "구미야, 다행이다, 너 살아났단다!"
 16일 아침, 저는 완전히 의식을 되찾은 것입니다.
 "죽지 못했구나……"
 자기가 죽음에 실패한 것을 알았을 때, 저는 낙심천만이었습니다.
 "무슨 소릴 하는 거냐, 목숨을 건졌잖아. 아무래도 네 하는 양이 마음에 걸려 견딜 수 없어서 가본 거란다. 그랬더니 네가 욕실에서……"
 "그럼 언니가 구했어?"
 "그래, 내가 살렸단다."
 "구해주지 않아도 좋았는데."
 "……"
 저의 말에 언니는 깜짝 놀라고 말았습니다. 그리고 화가 나서 돌아가고 말았습니다.
 의사 선생님의 말로는, 저는 20시간 가까이나 가사상태(假死狀態)에 있었던 모양입니다. 저는 이 20시간 동안에 아주 무서운 경험을 했습니다.

20시간 동안의 죽음에서 체험한 지옥

 저는 아무 것도 보이지 않는 넓은 사막과 같은 곳에 맨발로 서 있었습니다. 몹시 차가운, 얼음과 같은 모래 위였습니다. 언제까지나 서 있을 수 없었습니다.
 저는 빠른 걸음으로 걸었습니다. 걸어가는 동안에 발이 모래속에 빠져들게 되었습니다. 그것도 발목 까지만이 아니라, 무릎에서 샅까지 진흙 늪 속에 빠져들듯 들어가는 것입니다.
 저는 비명을 지르고 무엇인가를 잡으려고 했습니다만, 아무것도 없었습니다. 그러는 사이에 숨도 쉴 수 없을만큼 강하고 뜨거운 바람이 불어 왔습니다. 바람은 아무리 피하려고 해도 저의 얼굴에 불어닥치는 것입니다. 저의 몸은 차가운 모래 속에 반 이상이나 파묻히고 말았습니다.
 "살려 줘!"
 저는 큰 소리를 지르려고 했습니다만 열풍(熱風)에 입이 막혀서 목소리가 나오지 않았습니다. 저의 몸은 모래속에 머리까지 파묻히고 말았습니다.
 간신히 숨을 돌리고 눈 앞을 본 저는 그만 심장이 멎는 것 같았습니다. 그곳에는 몸의 반쯤이 갈기갈기 찢겨져 있거나, 뭉그러진 사람들이 눈만 휘번득거리며 가득 있었던 것입니다.
 그 가운데에는 저도 알고 있는 죽은 사람도 몇사람인가 있었고, 중학교때 담임이었던 여선생님과 회사를 그만 둔 동료도 있었습니다.
 무서워진 저는 그곳을 도망쳐 나오려고 했습니다. 그랬더니 도저히 다리가 움직이지 않는 것이었습니다. 저의 두 발은, 몸이 반쯤 찢겨진 사람의 손에 잡혀있는 것이었습니다.
 힘껏 그 손을 떼놓으려고 했습니다만 아무래도 떨어지지 않습니다. 몸부림치고 있는 사이에, 이번에는 저의 손과 발까지도 찢어지기 시작하는 것이었습니다.

저는 단념을 했습니다. 저는 제 몸이 찢어져 나가도 가만히 내버려 두고 있었습니다.

그때, 자신의 이름을 부르는 소리가 들려서 눈을 떠보니 언니가 있었고, 살아난 것이었습니다.

아무리 괴로운 일이 있어도 이승이 좋다

제가 체험한 것이 사후의 세계라면, 사후의 세계란 너무나 무섭고 괴로운 곳이라고 생각됩니다. 그런 곳이라면 살아있는 '이승' 쪽이, 아무리 끔찍하고 괴로운 일이 있을지라도 훨씬 낫습니다.

이상한 표현입니다만, 죽어서 사후의 세계에 가서 그곳에서 또 살해를 당하다니, 싫습니다. 아니면, 자살 같은 것을 한 사람만이 사후의 세계에서 무서운, 괴로운 꼴을 당하는 것인지요. 하여튼 간에, 사후의 세계는 무서운 곳입니다.

그런 곳에 가게 된다면, 죽어서 이길 수는 없습니다. 죽어서 또 지는 꼴이 되는 것이겠죠.

살려준 언니를 얼마 동안은 미워했습니다. 원망조차 했습니다. 하지만, 지금 냉정해져서 생각해 보니, 언니에게 감사하지 않으면 안된다고 생각합니다. 언니가 살려주었기 때문에 사후의 세계에서 두번 죽는 고통을 맛보지 않아도 되었던 것입니다.

저는 진정한 의미에서 강하게 살지 않고는 죽은 뒤에 더욱더 고통을 받지 않으면 안된다는 것을 알았습니다. 자살을 하다니, 인간으로서 가장 비겁하다고 생각하게 되었습니다.

지금 저는 자신의 지기 싫어하는 성격을 제대로 살려서 일을 하고 있습니다만 아주 즐겁습니다.

5. 살아도 지옥, 죽어서도 지옥뿐인가?

도박에 미친 남편에게 고통받는 나날

"선생님 저의 운세를 좋게 하는 방법을 가르쳐 주십시오. 저처럼 운이 나쁜 인간은 없다고 생각합니다. 살려 주시는 셈치고, 뭔가 좋은 방법을 가르쳐 주시지 않겠습니까?"

니시미야시(西宮市)에 살고 있는 오오마찌 에이꼬(大町榮子·32세) 여사는 생활고에 지친 얼굴에 눈물을 글썽이며 머리를 숙였다.

"어떤 정도로 운이 나쁜가?"

필자는 그녀의 이야기를 듣지 않고는 뭐라고 말할 수 없었으므로 물어보았다.

"선생님, 이거 제가 반년 전에 쓴 유서입니다. 이것을 읽어보시면 아시리라고 생각됩니다."

오오마찌 여사는 편지지 15~6장에 가득 쓴 유서라는 것을 필자에게 건네 주었다.

"그럼 이것은 나중에 자세히 읽기로 합시다. 그런 다음에 상담합시다."

"그럼 늦습니다. 오늘이라도 그 방법을 가르쳐 주시지 않으면 살아갈 수 없습니다."

"그렇더라도……"

"말씀드리겠습니다. 모두 말씀들일 테니 들어주십시오. 부탁합니다."

필자는 오오마찌 여사의 이야기를 듣게 되었다.

"저는 십년 전에 결혼을 했습니다. 연애 결혼이었습니다. 부모도 마음에 들어 해서, 분에 넘치는 결혼식까지 올려 주었습니다. 헌데 남편은 가면을 쓰고 있었던 겁니다. 좋은 남자이기는 커녕 대단한 악인(惡人)이었습니다. 악당(惡黨)이라고 하는 편이 나을 겁니다. 신혼여행에서 돌아온 날 밤부터 매일밤 노름이었습니다. 언제나 새벽에 돌아왔습니다. 마작, 화투, 포오카, 하여튼 노름이라고 이름이 붙은 것은 무엇이든지 하는 겁니다. 물론 경마(競馬)·경륜(競輪)·경정(競艇) 이런 식으로 안하는 것이 없습니다. 그것도 모두 돈을 걸고 하는 겁니다.

"돈을 걸다니, 생활에 영향을 끼칠 정도로 돈을 걸고 합니까?"

"그렇습니다. 결혼식에 받은 부조에 답례도 하지 않은 사이에, 그 돈을 몽땅 노름에 쓰고 말았습니다. 돈이 없어지면 자기의 물건은 물론이려니와 제 물건까지 전당을 잡히거나 팔거나 해서 노름을 하는 겁니다. 저는 몇번이고 울면서 부탁 했습니다. 하지만 남편은 건성으로 듣기만 할뿐, 그만 두려고 하지 않았습니다."

"일은 제대로 했었나요?"

"당치도 않습니다. 출근을 하는둥 마는둥 하며 세월을 보내니, 거의 벌이같은 건 없었습니다."

"생활은 어떻게 했소?"

"제가 일을 했습니다. 모자라서 생활하기 힘들 때는 부모에게 도움을 받았습니다."

"그런 식으로 하면, 그런 노름꾼은 제 버릇 못고치네."

"하지만 그렇게 하지 않으면 먹고 살수 없었습니다. 굶어 죽고 맙니다."

"그래 싸지, 노름에 미쳐서 일하지 않으니까, 굶어 죽어도 자업자득이지."

"……"

아내의 몸을 담보로 고리대금업자에게서 3백만엔(円)이나
……

오오마찌 여사는 필자의 말에 한순간 화가 난듯 잠자코 있었다.

"그렇게 하는 방법이야말로, 운을 자기에게서 떠나게 하는 방법이라는 거지. 최악이군. 그렇다면, 그리고 어떻게 되었나?"

오오마찌 여사는 잠시 생각하더니 다시 이야기를 시작했다.

"저는 생활비와 남편의 노름할 돈을 버느라고 몸이 가루가 되게 일했습니다. 저는 차라리 헤어지려고도 생각했습니다. 하지만 그때 임신하고 있었던 것입니다.

부모에게 의논했습니다만, 부모도 헤어지는 것엔 반대였습니다. 지금 악몽을 꾸고 있는 거다. 틀림없이 곧 정신을 차릴 테니까 참아라 하고 말하는 겁니다. 저는 정신차리지 못할 거라고 생각했습니다만, 부모가 말하는 체면치례도 있어서 참고 있었습니다.

옷과 악세서리 종류는 거의 전당포에 들어가 있었습니다.

저는 아침 일찍부터 밤 늦도록 세군데에서 일을 했습니다. 남편은 그렇게 번 돈을 모두 노름에 쏟아 붓고 있었습니다. '아기가 생겼으니까……'하고 말하니까 '유산시키면 되잖아' 하는 것입니다. 처음 중절수술을 했을 때에는 그 비용을 어머니께 빌리는 형편이었습니다.

남편은 마침내 고리대금에 손을 대고 말았습니다. 갚을 능력도 없는 빚을 차례로 얻어 나갔습니다. 수금하는 사람이 와도 남편은 없습니다. 저는 돈 받으러 온 사람에게 몹쓸 꼴을 당하곤 하였습니다. 저의 단 한벌뿐인 갈아 입을 옷까지 가져가는 형편입니다. 저는 분해서 울고 지샜습니다.

며칠후 남편의 친구라는 사람이 제가 아르바이트 하는 곳으로 찾아왔습니다. 남편이 병이 났다는 것입니다. 저는 모른체 할 수도 없어서, 그 사람에게 끌려 남편이 숨어 있는 곳으로 갔습니다. 깡패 같은 사람이 몇사람이나 있었습니다.

"이것은 우리가 호의에서 당신에게 하는 말이지만, 당신 남편이 당신의 몸을 담보로 해서 돈을 빌려달라고 하는데, 당신 생각은 어떤가? 동의할 텐가?"

저는 그만 제 귀를 의심했습니다. 설마 하고 생각했습니다. 대단한 충격이었습니다. 말도 나오지 않았습니다.

"그래서 뭐라고 대답했지?"

"동의할 수 없다고 말했습니다."

"그랬더니, 그들은 어떻게 했나?"

"제 부모에게 편지를 쓰라고 말했습니다. 그렇지 않으면 남편은 무사히 돌아갈 수 없다고 말했습니다. 하는 수 없이 저는 부모에게 편지를 썼습니다. 3백만엔, 제게는 갚을 능력 따윈 전혀 없었습니다. 부모는 여기저기서 빚을 얻어, 그 돈을 마련해 주었습니다.

아버지는 처음으로 남편에게 따끔한 말을 했습니다. 남편은 오직 '죄송합니다'고 말하고 머리를 숙일 따름이었습니다."

"당신은 부모님께 남편이 당신 몸을 담보로 빚을 얻으려고 했다는 걸 말했습니까?"

"아아뇨, 그건 너무나 끔찍한 일이었으므로 도저히 말할 수 없었습니다."

"말을 했어야 할 걸 그랬네. 그 시점에서 깨끗이 남편과의 사이를 청산했어야지."

"지금 생각하니, 그렇게 할걸 그랬다는 생각이 듭니다."

"그걸 못했기 때문에 당신은 더 고생을 하지 않으면 안되게 되었고, 남편을 구하는 계기도 잃고 말았네."

살 희망도 기력도 없어져서……

"예 그렇습니다. 남편은 점점 더 걷잡을 수 없게 되었습니다. 남편은 장거리 트럭 운전기사가 되었으나, 가는 곳마다 빚을 지고 노름을 하게 된 것입니다. 빚을 갚으라는 독촉장이 일본 전국에서 왔습니다.

그러는 사이에 어머니가 암으로 갑자기 돌아가셨습니다. 어머니의 죽음은 제게는 큰 충격이었습니다. 마음의 지주(支柱)를 잃고, 저는 어찌해야 좋을지 갈피를 잡을 수 없게 되었습니다.

나쁜 일은 겹치는 법입니다. 저도 암의 가능성이 있다고 합니다. 남편의 행방은 묘연합니다. 오직 오는 건 빚의 독촉장 뿐입니다. 제게는 살아갈 희망도 사라지고 말았습니다.

"살아있어도 별 수 없어."

이렇게 생각하게 되었습니다. 그것 밖에 제게는 길이 없다고 생각했습니다. 결혼생활 4년으로 완전한 파국(破局)이 오고 만 것입니다.

"아버지 용서하여 주십시오. 제게는 이제 살 희망도 기력도 없어졌습니다. 한걸음 먼저 어머니 곁으로 갑니다."

온통 폐만 끼친 아버지에게 보내는 유서를 썼습니다. 그 유서를 들고 교오또(京都)의 셋집을 내놓고 자살할 장소를 찾아 다녔습니다. 동심방(東尋坊)에도 니시끼게우라에도 가 보았습니다. 이윽고 마지막으로 와까야마껭(和歌山縣)의 삼단벽(三段壁)을 죽을 곳으로 정했습니다.

그곳에 세워진 자살자에게 알리는 주의사항을 적은 푯말도 눈에 들어오지 않았습니다. 바위에 앉아서 바다를 물끄러미 바라다보고 있었습니다. 이제 이것으로 죽는다고 결심을 하고나니, 머리 속에 아무것도 떠오르지 않았습니다. 죽음의 공포 같은 것도 전혀 없었습니다."

"생각을 바꿀 마음도 없었나?"

"없었습니다. 산 지옥에서 고생하느니 보다는 저승에 가서 어머니와 즐겁게 지내려고만 생각하고 있었습니다. 그러니까 뛰어들 때도 전혀 무섭지 않았습니다. 죽는 일만을 생각하고 있으면, 아무렇지도 않은가 보죠."

"죽으려고 했는데 죽을 수 없었다."

"그렇습니다. 살아나고 만 겁니다. 낚시를 하고 있던 사람들 때문에……"

"살았다고 생각했을 때 어떤 기분이었지?"

"우선 말할 수 없이 창피했습니다. 죽음에 실패한 인간이란 비참한 것이죠……. 대들었습니다. 막 소리쳤습니다. '쓸데없는 간섭하지 말라!'고 소리쳤습니다. 생명의 은인이라는 것도 생각하지 않고 실례되는 말을 하고 말았습니다."

죽은 어머니와 즐겁게 지내려고 생각했던 저승이……

"당신은 저승에서 어머니와 즐겁게 지내려고 생각하고 있었던 거죠? 적어도 몇시간 동안은 가사상태(假死狀態)에 있었던 셈일텐데, 즐거운 저승이었었나?"
"당치도 않습니다. 무서운, 끔찍한 곳이었습니다. 괴로운 생각을 했습니다. 처음에 보인 것은 높은 산 위에 있는 저 자신이었습니다. 나무도 풀도 모두 말라비틀어진 것 같았고, 왠지 한적한 곳이었습니다. 새하얀 나비와 새가 날고 있었습니다.
제가 어찌할 바를 모르고 서있으려니까, 새하얀 옷을 입은 백골이 저에게 다가 왔습니다. 저는 무서워져서 도망치려고 했습니다. 하지만 발이 움직이지를 않았습니다.
자세히 보니까, 어린 아기의 손이 내 발을 꼭 잡고 있는 겁니다. 어떻게든 그 손을 풀어젖히려고 했습니다. 그랬더니 흙 속에서 아이의 시체가 나온 겁니다. 아이의 몸에는 구더기가 우글거리고 있었습니다. 저는 끔찍스러워서 눈을 뜰 수가 없었습니다. 흙 속에서 나온 아이가 갑자기 저에게 매달려 왔습니다.
으악! 저는 비명을 지르고 도망치기 시작했습니다. 저의 두 발에는 아이의 손이 들러붙은채 떨어지지 않았습니다. 그래도 저는 도망치려는듯 달렸습니다.
달리는 동안에 커다란 구멍에 떨어지고 말았습니다. 떨어진 곳은 돌과 돌 사이였습니다. 돗자리 크기만한 큰 돌이 주위를 에워싸고 있는 가운데에 저는 서 있었습니다.

무서운 소리를 내며 주위의 돌들이 저를 마치 협공이라도 할듯이 움직이며 오고 있습니다. 저는 어떻게든 그곳에서 도망치려고 했습니다만, 도망을 칠 수 없었습니다. 마침내 저는 큰 돌 사이에 끼고 말았습니다.

우드득 우드득 뼈가 부숴지는 소리가 나고, 저는 돌에 눌려 부숴지고 말았습니다. 이상하게도 짓눌리면서, 제 눈에는 밖의 모습이 뚜렷이 보였습니다. 어머니가 슬픈듯한 표정을 짓고 물끄러미 저를 보고 있는 모습이 보였습니다."

"그곳에서 살아난 겁니까?"

"그렇습니다. 무서웠어요. 살아 있어도 지옥, 죽어서도 지옥 밖에 없는 걸까하는 것이 저의 기분이었습니다."

"그래서 지금, 당신은 자살한 것을 어떻게 생각하고 있는 겁니까?"

"죽을 수 있었으면 좋았을걸……하고 생각하고 있습니다. 후회는 하고 있지 않습니다."

"그렇습니까, 당신이 말하는 죽어서도 지옥이라는 건, 자살한 사람이 반드시 가는 곳입니다."

"자살이 아닐 경우라면?"

"그렇지요. 자살이 아닐 경우라면 꼭 지옥 같은 곳에 가지 않아도 좋을 것 같습니다. 당신은 자살을 하고 싶어질만큼 괴로운 산 지옥을 체험하였고, 자살하고 사후의 지옥도 체험한 셈이니까, 앞으로는 그런 체험을 살리면, 어떤 힘든 일에도 견딜 수 있을 게고, 좋은 운이 따를 것입니다."

필자는 오오마찌 여사에게 자기 스스로가 운을 좋게 하는 방법에 대하여 충고를 했다. 1984년 10월의 일이었다.

지금 오오마찌 여사는 니시미야 시내에서 일하고 있고, 올해 안으로 작은 분식점을 개업한다는 것이다. 남편과는 정리를 하고, 가까운 장래에 재혼을 한다는 말도 있다고 한다.

6. 바늘고문, 물고문 끝에 온 몸을 토막내는 고문

가정을 희생하면서까지 회사에 충실한 사원

"저승 사자에게 씌웠다고 하는데, 정말일까요?"
후꾸오까(福岡)시에 사는 이구찌 마모루 씨가 필자의 오오사까(大阪) 사무실을 찾아왔다.
"누가 그럽디까?"
"고향의 영능력자가 그랬습니다만……"
"언제 그런 말을 들었습니까?"
"바로 최근의 일입니다. 이대로 있다간, 또 죽게 될런지도 모른다고 했습니다."
"또라고 한다면…… 죽게 된 일이 있었단 말입니까?"
"실은, 창피한 이야기입니다만, 죽는데 실패한 겁니다. 자살미수였지요."
"그게 언제의 일입니까?"
"일년 전입니다."
이구찌씨는 한가지 한가지 생각해 내면서 자살을 기도했을 당시의 일을 다음과 같이 말했다.
이구찌씨는 후꾸오까 시내의 부동산 회사에 근무하고 있었다. 회사라고 해도 사원이 14~5명 뿐인 작은 규모의 것이었으나, 사장이 병약한 탓으로, 이구찌씨는 그의 오른 팔로서 모든 일을 처리하고 있었다.

이구찌씨는 거의 쉴 틈도 없이 일을 했으나, 불경기라는 것과 경쟁 상대가 많다는 이유도 있어서 좀처럼 뜻대로 업적이 오르지 않았다. 하지만 이구찌씨는 일을 했다.

특히 물건이 있을 때는 손님의 수준에 맞춰 움직이지 않으면 안되었고, 일요일과 축제일은 바빴고, 휴일은 거의 없다시피 했다.

그런 탓으로 차로 한시간 남짓한 곳에 있는 자택은 잠을 잘뿐이었고, 처자는 모른채 하는 형편이었다.

"뭐라고? 하지만 지금부터 가보지 않으면 안될 용건이 있어서……부탁하오."

외아들이 갑작스런 병으로 쓰러졌을 때도, 큰 거래가 이루어질 단계에 있을 때여서 이구찌씨는 아들의 일이 걱정이 되면서도 병원으로 달려 갈 수 없었던 것이다.

그 아들이 죽은 날도 이구찌씨는 고구라(小倉)까지 가지 않으면 안될 일이 있었다.

"당신의 자식이잖아요!"

아내는 마침내 노여움을 폭발시켰다.

"그런 걸 누가 모른대! 하지만 내가 가지 않으면 이 일은 성사가 되질 않는단 말야! 끝나는대로 돌아올께. 그때까지 잘해 봐!"

"그럼 당신이 돌아온 뒤에 하면 되겠네요!"

"이 바보야! 죽은 놈의 뒤치닥거리 보다 살아가는데 일 처리가 더 소중한 걸 왜 몰라!"

이구찌씨는 그만 해서는 안될 말을 내뱉고 말았다. 아들의 장례 치룰 일을 앞에 놓고 부부는 대판 싸우고 말았다.

"이구찌군, 고구라에는 내가 갈테니 괜찮으이."
병을 앓고 있는 사장이 젊은 사원을 데리고 출발했다.
"죄송합니다."
이구찌씨는 무거운 마음으로 사장을 배웅했다. 아들의 장례를 치르면서도, 이구찌씨는 고구라에서의 거래의 일이 걱정이 되어 견딜수 없었다.
까닭인즉, 그 큰 물건의 거래가 성사가 안될 경우, 회사는 치명적인 타격을 받을 게고, 자금을 회전시키는 데에도 크게 영향을 끼치게 되기 때문이다.
"뭐라고! 사장이……"
아들의 장례식이 끝나자 마자, 회사에서 연락이 왔다. 고구라로 간 사장이 돌아오자 마자 쓰러져버리고, 용태가 좋지 않기 때문에 입원을 했다는 것이다.
"그래서 거래 쪽은?"
"안됐습다. 어떻게 하죠?"
회사는 큰 난리가 났다.
"곧 갈께!"
이구찌씨는 바로 나가려고 했다.
"나 같은 건 어떻게 되든 상관 없는 거죠? 애의 죽음으로 충격을 받고 있는 데도, 내버려 두는 거군요!"
부인은 눈을 치뜨고 말했다.
"어리광 부리지 말아!"
이구찌씨는 이렇게 말하고 부인에게서 등을 돌렸다.

모든 게 잘못되기 시작

그날 부터 이구찌씨는, 그야말로 죽을둥 살둥 회사의 위기를 구하기 위해 뛰어다녔다. 집에 돌아와서도 2, 3시간 정도 쉴 뿐이었다.

입원한 사장의 용태는 좀처럼 좋아지지 않았다. 더욱이 일에 있어서는 고구라의 건이 실패로 돌아간 후로, 연쇄반응처럼 차례로 몇가지 물건의 거래가 성사를 못보고 끝났다.

이대로 가다가는 회사는 도산할런지도 모를 일이었다. 이구찌씨는 사나이로서, 사장의 오른 팔로 신뢰받고 있는데 대하여 보답을 하지 않으면 안되었다. 그렇게 하지 않으면 스스로 자기 자신을 용서할 수 없었다.

이구찌씨는 자기를 희생하면서라도, 어떻게든 회사의 위기를 막지 않으면 안된다고 생각하고 있었다. 하지만, 이구찌씨의 그런 마음을 부인은 이해할 수 없었다.

"그래, 좋을대로…… 나 같은 것 보다는 회사 일이 중요하다는 거죠?"

이구찌씨에게 비아냥거리는 말 밖에 하지 않았다. 이구찌씨는 일 때문에 부인과 싸울 마음은 없어져 버렸다. 언젠가 알아주겠지 하고 생각하고 있었다. 그렇게 생각하는 수 밖에 도리가 없었다.

이구찌씨의 피나는 노력은 조금도 효과를 보지 못했다. 거래는 전혀 이루어지지 않았고, 위탁을 받았던 물건도 취소까지 당해 회사는 더더욱 곤경에 빠졌다.

이구찌씨를 괴롭힌 것은 일 만이 아니었다. 부인의 하는 양이 수상해진 것이다. 집을 비우게 되었고, 돈 씀씀이가 헤퍼졌다.

"뭐라고!"

이구찌씨를 놀라게 한 것은 부인이 고리채(高利債)를 쓰고 있다는 사실이었다.

"그런 돈을 뭣에 쓴 거야?"
 이구찌씨는 부인을 책망하고, 결혼하고 처음으로 손찌검을 했다.
 "……"
 이구찌씨가 아무리 다구쳐도, 부인은 완강히 말을 하지 않았다.
 이구찌씨는 부인의 일과 회사일 과의 틈바구니에 끼여 밤잠도 제대로 자지 못하는 형편이었다.
 그런 이구찌씨에게 업친데 덮친 격으로 고통을 준 것은 부인이 노름에 미친 것 만이 아니라, 각성제(覺醒劑)에도 손을 대고 있었다는 걸 알게 된 일이었다.
 "천치 같으니라구! 제 멋대로 하는구나!"
 이구찌씨는 미친듯이 날뛰며 부인을 때렸다. 부인은 아무리 매를 맞아도 사과하려고 하지 않았고, 잠자코 당하고만 있었다.
 이윽고 사흘 뒤, 부인이 수면제를 먹고 자살을 기도하는 사건이 생겼다. 겨우 이루어지려던 거래가 다시금 어그러져서, 맥이 쭉 빠져 집으로 돌아온 이구찌씨가 그것을 발견한 것이다. 크나 큰 충격이었다. 이구찌씨는 비로소 자신에게 운이 없음을 한탄했다.

 의지도 용기도 사라지고……

 "이제 너 하고는 같이 있을 수 없어."
 부인이 의식을 회복하자, 이구찌씨는 이혼할 것을 요구했다.
 "싫어요, 이혼은 안해요."

부인은 냉랭하게 말했다.
"어째서?"
"제게 실컷 고통을 주었으니까, 당신도 고통을 받아야지요."
"뭐라고? 내가 언제 너를 괴롭혔어? 나는 너와 아이때문에 힘껏 일해 왔어. 집안 일을 팽개치고 까지 일을 한 것은 오직 너와 애를 위해서야!"
"아아뇨, 당신은 당신 자신을 위해서 그렇게 해왔던 거예요. 우리 식구를 위해서 한게 아녜요. 당신은 이기주의자예요."
이구찌씨는 더 이상 참을 수 없었다.
"나가! 나가란 말야! 다시는 네 얼굴 따윈 보고싶지 않아!"
이구찌씨는 강제로 부인을 집에서 내쫓았다. 이제 아무렇게나 돼도 좋다는 자포자기하는 마음이 압도적이었던 것이다.
장인과 장모가 이구찌씨의 잘못을 책했으나 그 말에 귀를 기울이려고도 하지 않았다.
하지만 이구찌씨에게 가장 큰 충격을 준 것은 입원중인 사장의 말이었다. 사장은 이구찌씨가 사장의 믿음을 배신했다고 말하며 더욱이 부인에 대한 비정한 행동은 인간으로서 용서할 수 없는 일이라고 단정을 내렸다.
이구찌씨에게는 도저히 상상조차 할 수 없는 사장의 말이었다. 자신도 모르게 분해서 눈물이 흘렀다.
"당치도 않아. 여편네를 저렇게 만든 것도 따지고 보면 내가 회사일에 전력을 기울였기 때문이 아니냔 말야. 몸을 깎아서까지 일을 했잖아. 눈꼽 만큼도 배신할 만한 일은 하고 있지 않았단 말야. 그것이 어떻게……"

이구찌씨로선 납득이 되지 않았다. 술에 취해 불만을 큰 소리로 외치긴 했으나, 아무도 없고 온기도 없는 집안은 몹시 썰렁했다. 그 이상으로 이구찌씨의 마음속은 허무감으로 가득찼다.

그래도 다음 날 이구찌씨는 회사에 출근을 했다. 손님과의 약속이 있었기 때문이었다.

"이구찌씨, 잠깐만……"

고락(苦樂)을 함께 해온 동료의 한 사람인 영업부장이 살며시 귀뜀을 해 주었다.

"사장이 말했는데, 이구찌씨가 회사를 이용하여 개인적으로 마진을 먹고 있으니까 감시를 하라고 해서……"

"뭐라고?"

"난 잘 알고 있지, 이구찌씨가 그런 짓을 하고 있지 않다는 것을. 사장에게는 잘 말해 두었지만 조심하는 게 나을 거요."

더 이상 말이 나오지 않았다. 그렇게까지 의심을 받고 신용을 못받고 있으리라고는 생각조차 해보지 못한 일이었다.

"그런 까닭으로…… 오늘은 거래하는 곳에 내가 따라가게 되었네."

온 몸의 힘이, 아니 온 몸의 피가 빠져 버리고, 손님 앞에서도 자진해서 말을 하려고 하지 않았다. 이제 아무렇게 되어도 상관이 없다.

"그렇다면, 이번에는 그만 두시죠. 또 다음 기회에……"

상거래는 이루어지지 않았다.

"어제까지는 꽤 가능성이 있었던 거죠?"

영업부장은 이구찌씨를 냉랭한 눈초리로 보았다.

"글쎄, 어땠었던가요……"

이구찌씨는 영업부장 하고도 헤어지고 혼자가 되었다.

"내가 뭘 어떻게 했다는 거야! 거래가 이루어지지 않은 건 손님의 생각이잖나. 나는 지금까지 회사만을 위해서 일을 해 온 거다. 헌데 마진을 챙겼다구? 당치도 않아. 내 돈을 찔러 넣으면 넣었지, 단 한푼도 받은 게 없는데……"

이구찌씨는 마음 속으로 자문자답을 하면서 멍청히 걷고 있었다. 어데를 어떻게 걸어가고 있는지 전혀 기억이 없었다.

정신을 차리고 보니 철도의 선로(線路)위를 터덜 터덜 걷고 있었던 것이다.

살아도 별 수 없어

"그만 두자, 저런 회사에 있어 봤자 별 수 없다. 나는 무엇 때문에 가정까지 희생하면서 일을 해왔던 걸까……"

후회해도, 후회해도 한이 없었다.

"배신을 당한 건 내 쪽이잖아."

열차의 경적 소리가 들려 왔다. 이구찌씨는 선로 옆으로 몸을 피했다. 칙하는 큰 소리를 내고 화물열차가 바로 앞을 지나쳐 갔다.

"살아 있어도 별 수 없군……"

문득 그런 생각이 스쳐 갔다.

"아내한테는 눈꼴신 보복을 당해야 하고…… 당분간 일도 없고…… 차라리 죽을까…… 죽어서 깨끗이 정리를 한다……"

이구찌씨는 한 개피 남은 담배에 불을 붙였다.

"그렇지, 내가 죽으면 보험도 탄다. 그것으로 빚도 해결이 되고…… 저승인가 하는 곳에서 아들을 만나 아버지다운 노릇도 해줄 수 있겠지······"

이구찌씨는 죽음을 결심했다. 빈 담뱃갑에 유서를 갈겨 썼다.

"그래, 이걸로 됐어, 이것이 내 운명이었겠지······"

이구찌씨는 다음의 열차가 오기를 기다렸다. 이제 더 이상 아무것도 머리에 떠오르지 않는다. 멀리서 열차 소리가 들렸다. 경적소리가 울렸다.

이구찌씨는 선로로 뛰어들었다.

1984년 4월 22일의 일이었다.

"정신이 들었습니까?"

이구찌씨는 의사의 목소리에 눈을 떴다.

"저는······"

"살아난 겁니다. 기적적이라고 해도 좋겠지요."

"그렇습니까?······ 죽지 못했군요······"

"하지만 오른 쪽 팔은 못 건졌어요."

이구찌씨는 의사의 말을 듣고 없어진 오른쪽 팔을 물끄러미 보았다.

그런 이구찌씨의 머릿속에 무서운 광경이 떠올랐다.

그곳은 계속되는 고문의 세계였다

이구찌씨는 시커멓고 누군지 전혀 알수 없는 인간에게 온 몸을 꽁꽁 묶이고 말았다. 그것은 철사 같은 아주 가는 것이어서, 온 몸에 그것이 박혀 들어왔다. 아팠다. 타는 듯한 뜨거움을 느꼈다.

팔다리와 몸은 꽁꽁 묶여서 꼼짝도 할 수 없게 된 이구찌

씨는 바늘 같은 것이 가득 튀어나온 길을 굴러가야 했다. 그것이 온 몸에 꽂혀 들었다. 소리도 지를 수 없을만큼 아팠으나, 이상하게도 한방울의 피도 흐르지 않았다.

이구찌씨는 굴러가다 물이 뿜어 나오는 곳으로 끌려 갔다. 물은 세차게 뿜어 나오고 있었다.

"아악!"

이구찌씨는 뭔가로 머리가 짓눌리고, 뿜어나오는 물에 얼굴이 닿았다. 힘껏 얼굴을 돌리고 물을 맞지 않으려고 애를 썼으나, 세찬 힘에 눌려서 강제로 물을 먹게 되었다. 걸죽하고 몹시 쓴 물이었다.

이구찌씨는 몇 차례나 정신을 잃었으나, 끈질기게 물을 마시게 되었다. 계속 물을 마시게 되고, 마침내 기절을 하고 말았다.

그런 이구찌씨를 다시금 뭔가가 끌고 갔다. 이윽고 머리가 간신히 들어갈 만한 구멍으로 이구찌씨를 밀어넣었다.

무서운 힘으로 이구찌씨의 몸을 구멍 속으로 밀어넣었다. 이윽고 완전히 이구찌씨는 그 작은 구멍 속으로 들어가게 되고 말았다. 숨도 쉴 수 없었을 뿐더러 목소리도 나오지 않았다.

하지만 이상한 일은 눈 만이 보였던 것이다. 검은 덩어리와 같은 인간이 몇 사람이나 있어서, 인간의 몸을 갈기갈기 찢고 있는 게 똑똑히 보였던 것이다.

이승의 고통이 그래도 견딜만하다

"그것이 사후의 세계이겠지요? 아주 무서운, 괴로운 곳이었습니다."

"이구찌씨는 몇시간쯤 가사상태(假死狀態)에 있었습니까?"

"다섯 시간 쯤이었다고 합니다. 의사 선생님이 말했었습니다. 그 다섯 시간 동안에 본 것이 사후의 세계였겠지요?"

"그렇겠죠. 무서웠었나요?"

"그야 무섭다고 단순히 말할 게 못됩니다. 사후의 세계란 더 아름답고 편한 곳이라고 들어왔습니다만, 그렇지 않더군요. 무섭고, 괴로운 곳입니다."

"그것은 이승과 비교해서라는 뜻입니까?"

"예?"

이구찌씨는 깜짝 놀라고 있었다.

"이승의 괴로움과 비교해서 사후의 세계가 얼마나 괴로운가 하는 뜻이겠지요?"

"아니 뭐 사후의 세계가 그렇다면, 이승의 괴로움 쪽이 훨씬 견딜만한 것이지요."

"그렇습니까? 지금 당신은 자신이 자살을 기도했다는 것에 대해 어떻게 생각하고 계십니까?"

"후회하고 있습니다."

"어째서 입니까?"

"저의 경우, 현실의 괴로움으로부터의 도피였기 때문이었습니다. 사후의 세계가 그토록 괴로워서야, 저승에서도 견디어 낼 수 없습니다."

"살아서 다행이라고 생각합니까?"

"그렇습니다. 죽지 못한 게 부끄럽긴 합니다만, 잘 됐다고 생각하고 싶군요. 하지만 죽지 못한 건, 제게 아직 저승사자가 붙어있기 때문이라고 하는데, 그게 마음에 걸려서……"

"나는, 그렇게는 생각하지 않습니다. 자살을 한 순간에 저

제3장 자살 미수자들이 본 사후세계 195

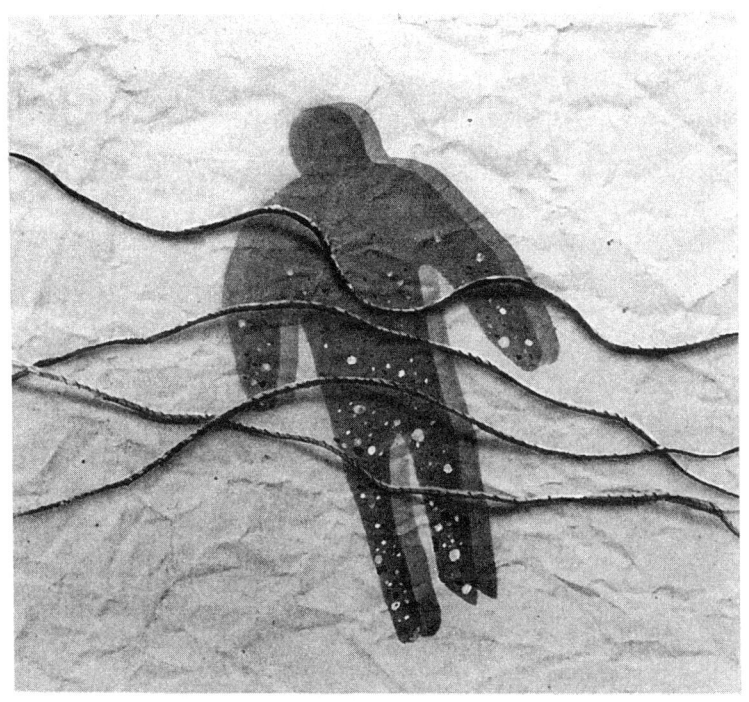

승 사자는 떠나갔다고 생각합니다. 그러니까 두번 다시 저승 사자를 부르지 않도록 해야 합니다. 그것은 당신이 말한 살아서 다행이다라고 생각하게 되도록, 다시 태어난 기분으로 살아가는 일입니다."

지금 이구찌씨는 오른 팔이 없는 열등감을 극복하고, 가게를 경영할 형편이 되었다. 부인과의 사이도 다시 예전으로 돌아갔고, 그야말로 부인이 이구찌씨의 잃어버린 오른 팔이 되고 있다고 한다.

제 4 장
다시는 자살 같은 것 하지 않으리

1. 한번 죽은 사나이가 알게 된 이승의 장점

가사상태(假死狀態)에서 체험한 사후세계의 고통

"노, 놓아 줘, 놓아주란 말야!"

작은 바위에 매달리면서 큰 소리로 외쳤다. 하지만 두 발을 계속 잡아 당겨서 금방이라도 떨어질 것만 같다.

두 손에 온 힘을 다하여 필사적으로 매달리고 있으나, 손바닥이 찢어지고 말았다. 떨어지면 칼날 같이 뾰족한 쇠꼬챙이에 몸이 꽂히고 만다. 미끄러져 내리지 않으려고 필사적이었다.

"으악!"

무엇인가 바위에 매달리고 있는 손을 짓밟았다. 그래도 필사적으로 아픔을 견디면서 매달리고 있었다.

하지만, 마침내 기진맥진하여 떨어지고 말았다. 무시무시한 소리를 내며, 몸이 쇠꼬챙이에 꽂혔다. 쇠꼬챙이에 꽂힌 몸이 빙빙 돌았다.

이젠 목소리도 나오지 않았다. 몸은 빙글빙글 돌면서 점점 아래로 떨어져 갔다. 이윽고 쇠꼬챙이 밑둥에서 몸이 멎었다.

그러자 사람 같기도 하고, 짐승 같기도 한 것, 4~5명이 몸

위에 올라 타더니 뛰었다. 뛸 때마다 바늘에라도 찔리는 듯한 아픔이 온 몸에 와 닿았다.

마치 지옥의 고통을 당하고 있는 것 같았다. 구원을 청하는 소리를 지르려고 해도 전혀 목소리가 나오지 않는다. 목소리가 나오지 않을뿐만 아니라, 뛸 때마다 입에서 뭔가 뿜어 나가는 듯한 느낌이었다.

쇠꼬챙이에 꽂힌 채로 된 몸이 섬찟한 손 같은 것에 잡혀 발기발기 찢겨졌다. 발과 손과 머리가 찢어져 나간다.

갈기 갈기 찢긴 몸이 구더기 같은 것이 우글거리는 큰 가마솥 속에 던져졌다. 그러자 이상하게도 던져진 조각난 손과 발과 머리가, 가마솥 안에서 하나로 붙었다.

엄지 손가락 보다도 굵은 큰 구더기가 하나로 붙은 몸에 엄습해 왔다. 파먹기 위해 떨어지지 않는다. 자세히 보니, 구더기의 머리는 사람의 얼굴 모양을 하고 있고, 각각 다른 얼굴 모양을 하고 있었다.

겨우 겨우 가마솥에서 기어나왔다고 생각했더니, 그곳에는 어마 어마하게 큰 괴물(怪物)이 서 있었다. 괴물의 큰 발이 기어나온 몸을 힘껏 짓밟았으니 견딜 도리가 없다.

몸은 둔탁한 소리를 내며 땅 속으로 파묻히고 말았다. 이제 움직일 수도, 어떻게 해 볼 수도 없다.

한참만에 찬 것이 얼굴에 닿았다. 숨이 답답하여 몸부림을 쳤더니 눈이 떠진 것이다.

살아 있으면 자신의 의사로 행동할 수 있다

"아니, 무섭다 무섭다 해도……. 그렇다면 이승의 산 지옥 쪽이 훨씬 평안합니다. 사후의 세계란 그렇게 무서운 곳입니까?"

　오오사까(大阪)시에 사는 스가누마 고오지(菅沼孝二 가명)씨는 한숨을 쉬면서 필자를 보았다.
　"그렇게 무서웠습니까?"
　"무섭다거나 괴롭다거나 그런 말로 쉽게 표현될 만한 것이 아니었습니다. 이승은 아무리 괴로워도, 그래도 숨 돌릴 일도, 기분 전환할 수도 있지 않습니까? 그런데 그곳에서는 도저히 그렇게 할 수가 없었습니다. 그저 고통 받고, 공격당할 뿐입니다. 사후의 세계란 모두 그런 것입니까? 인간에게는 살아 있어도 지옥, 죽어서도 더욱 끔찍스런 지옥 밖에 없는 겁니까?"
　스가누마씨는 할 수 없다는 듯한 표정으로 한숨을 쉬었다. 실은 이 무서운 사후의 세계를 보고 온 스가누마씨는 자살을 기도했다가 살아난 것이다.
　"어째서 자살을 생각했었습니까?"
　"그, 그거야…… 죽음의 고통이 있었기 때문입니다."
　"살아 있을 때의 죽음의 고통과 죽은 뒤에 겪는 고통과는 어느 쪽이 견딜만 합니까?"
　"그거야, 살아 있을 때죠. 살아 있을 때의 고통은 아직 자기의 의사나 자신의 행동이 허용되고, 그것이 가능한 겁니다. 하지만, 사후의 세계에서는 자기라는 것이 전혀 없는 것이지요. 자기라는 걸 인정받지 못합니다. 사후세계의 율법이라고나 할까요, 법칙이라고나 할까요. 그것에 따를 수 밖에 없습니다. 그것은 어째서 그렇습니까?"
　"여러 가지로, 나름 대로의 이유와 의미가 있는 거겠지요. 하지만 어째서 자살을 꾀하지 않으면 안되었을까요?"
　"글쎄요. 한마디로 말한다면 패배입니다. 현실로 부터의 도피이죠. 그것과 또 한가지, 저 나름대로의 죽음에 대한 미화(美化)이겠죠……"
 스가누마씨는 괴로운 듯이 한숨을 돌리더니, 다음과 같이 말했다.

죽음을 결심하게 한 이승의 고통이란?

 스가누마씨는 규모는 작았으나, 섬유회사의 사장이었다.
 1968년에, 갑자기 사망한 아버지의 얼마 안되는 유산(遺産)을 자본으로 회사를 설립했다. 처음 3년 동안은 매우 어려워 고통을 받았으나, 1972년 부터는 스가누마씨의 아이디어가 들어 맞아서 회사는 급성장을 했고, 사원이 30명이나 될만큼 되었다.
 그 당시는 무엇을 해도 잘 되었고, 일의 범위도 꽤 넓었다.
 그 당시의 유일한 불만이라고 한다면, 아이가 안 생기는 일이었다. 부부가 모두 아이를 좋아하여 하루 빨리 아이를 원했으나, 어찌된 일인지 아이가 생기지 않았다. 부부가 함께 병원에서 검사를 받았으나, 둘 다 아무 이상이 없다는 것이다.
 사업이 아무리 잘 되어도 아이가 없다는 것은 뭔가 허전하기 마련이었다.
 부부 사이도 왠지 모르게 전같지 않았다.
 더더욱 고약한 일은 서로의 취미가 전혀 달랐다. 부인은 외출하기를 좋아하고 사교적이었으나, 스가누마씨는 집안에서 조용히 행동하는 편이었다. 그런 까닭에 부부 생활은 어쩐지 서먹서먹해지고 말았다.
 스가누마씨의 회사 상태가 이상해지기 시작한 것은 1982

년 가을부터였다. 확신을 갖고 사들이는 물건은 전혀 팔리지 않고, 재고(在庫)가 싸이게 되고, 자금 사정도 어려워졌다.

스가누마씨는 어려울 때일수록 적극적으로 대처해야 하며, 안전한 수세(守勢)를 취하면 성공하지 못한다는 신념을 가지고 있었다. 그 신념에 입각한 노력으로 지금까지 성공을 거둔 것이다.

사방으로 고통을 감수하면서 적극적인 상술을 계속했다. 불황일 때는 적극성이 잘못되는 수도 있고 처신하는 법도 잊게 마련이다. 이대로 가다간 빈털털이가 될 정도의 곤경에 빠지고 말았다.

그런 때의 일이다. 부인이 가출을 했다. 그것도 단순한 가출이 아니라 라이벌 회사의 처자 있는 전무와 증발을 하고 말았다. 이것은 사업상 곤경에 빠진 스가누마씨에게 있어 크나큰 상처가 되었다.

스가누마씨는 과감히 사업을 3분의 1 수준까지 축소시켰다. 하지만 그래도 회사를 구할 수는 없었다.

빚을 갚기 위해 대부분의 것을 팔고, 집도 빚 담보로 들어가 있었다.

죽음으로 모든 게 끝나는 줄 알았는데……

사람이란 막다른 골목까지 몰리고 몰리면, 생각하는 건 한 가지 밖에 없다. 죽음이다. 스가누마씨는 진심으로 죽을 것을 생각해 냈다.

하지만 죽음을 생각하면서도 마지막 활약을 했다. 남에게 폐를 조금이라도 끼치지 않으려고 생각했기 때문이다. 죽고 말면 나중 일은 어찌 되었건 상관 없다는 생각은 없었다.

부인이 가지고 도망친 600만엔(円)이 있으면, 회사를 문을 닫지 않아도 되는 일이지만 방도가 없었다. 그 일을 생각하니 스가누마씨의 마음은 터질 것만 같았다.

"이제 내게는 죽는 것 밖에 도리가 없다…… 보험금을 타면 빚도 꽤 갚게 되겠고……"

그렇게 결심한 스가누마씨는 집에 틀어박혀서 자살하는 일을 생각했다. 고통받지 않고, 확실하게 죽는 방법은 무엇일까…… 스가누마씨는 온갖 자살 방법을 생각했다.

몹시 허망하고 쓸쓸했다. 하지만 살아나갈 방법은 없었다. 회사는 이미 남의 손에 넘어갔고 집도 빚의 담보로 되어 있어서, 마침내는 비워주지 않으면 안된다.

"이것으로 죽는다면 최선이다……"

스가누마씨는 심야 주우고꾸의 자동차 길을 맹속력으로 달렸다. 커브 지점에서도 전락사고(轉落事故)를 일으킬 만큼 난폭 운전을 했으나 사고는 일어나지 않았다.

"하는 수 없지, 이 방법으로 죽을까……"

마지막으로 스가누마씨가 택한 방법은 목을 매는 자살이었다.

"여기서라면 문제 없을까……"

스가누마씨는 혼자서 집안을 돌아다니며 목을 맬 장소를 찾았다. 대들보에 밧줄을 걸고, 체중을 걸어보고 조사를 했다.

남이 보면 묘한 광경이겠지만, 본인은 매우 진지했다. 그때 스가누마씨의 머리 속에는 죽는 일 밖에 없었다. 마치 회사에서 일을 처리할 때처럼 자살을 향해 한 걸음 한 걸음 다가가고 있었다.

스가누마씨는 장소를 물색하자 유서를 썼다. 늙은 어머니에게, 사업상 신세를 진 선배, 빚때문에 폐를 끼친 친구, 그리고 도망친 부인에게, 모두 네통이다.

부인에게는 유서라기 보다는 원망어린 푸념을 늘어 놓았다.

마침내 자살을 결행할 때가 왔다. 그때의 스가누마씨는, 죽음이라는 것을 조금도 무서워 하고 있지 않았고, 죽음으로 인하여 좋은 일만이 있다고 생각하고 있었다.

현실의 고통에서 도망칠 수가 있고, 보험금을 타서 빚도 꽤 갚을 수 있고, 자기 자신은 사후 세계에 가서 새로운 사후의 생활을 할 수 있다. 결코 나쁜 일이 아니다. 그런 식으로 죽음을 미화시키는 마음이 강했던 것이었다.

밧줄을 정성껏 조사했다. 그것을 튼튼한 대들보에 걸고 밧줄 바로 밑에 발판을 놓았다.

"어머니, 죄송합……"

스가누마씨는 합장을 하고 중얼거렸다.

"이것으로 모든 게 끝이군……"

이상하게도 죽음에 대한 공포감은 전혀 없다. 태연하게 발판 위에 올라섰다.

"에잇!"

왠지 그 순간, 스가누마씨의 마음속에 부인에 대한 노여움이 뭉클 솟았으나, 곧 그것은 사라졌다.

쿵!

큰 소리에 스가누마씨는 깜짝 놀라 발판에서 내려 섰다. 죽음을 결의한 사람은 놀랄만큼 냉정해지는 법이다. 발판 앞에 앉아서 마지막 담배 한개피를 피웠다.

"자, 가자!"

스가누마씨는 왠지 그렇게 중얼거리고, 발판 위에 올라섰다.
 찌르릉 찌르릉!
 전화의 벨이 울리고 있다.
 쿵!
 스가누마씨는 밧줄을 목에 건 채, 힘껏 발판을 찼다. 밧줄에 스가누마씨의 온 체중이 실렸다.
 1984년 7월 3일의 일이다.

 ### 저승의 지옥은 이승의 지옥보다 더 무섭다

 "오! 정신이 드나……"
 스가누마씨는 병원의 침대 위에서 친구의 목소리를 듣고, 간신히 눈을 떴다.
 자살은 미수로 끝난 것이다.
 "죽지 못했다는 걸 알았을 때의 기분은 어땠습니까?"
 필자는 스가누마씨에게 물었다.
 "음…… 매우 복잡했습니다. 하지만 살아나서 다행이라는 기분은 없었습니다. 오히려 큰 일이다. 남 보기 창피하게 되었다는 기분이 더 강했던 것 같습니다."
 "누가 구해준 것입니까?"
 "야릇한 일입니다. 돌아온 아내가 구해낸 겁니다."
 "그 사실을 알았을 때의 기분은 어땠습니까?"
 "원망했습니다. 주제 넘는 짓을 했다고 원망했습니다."
 "스가누마씨는 약 일곱시간 동안 가사 상태에 있었던 셈입니다. 그 사이에 저 무서운 사후의 세계를 본 셈이지요."
 "그렇군요, 무서운, 괴로운 곳이었습니다. 지금 이런 반신불수(半身不隨)가 된 것을 생각하면 구해지지 않았더라면 좋았을 것이다. 주제넘은 짓을 해 주었다고 생각합니다만, 저 무섭고, 괴로운 사후의 세계에서 구출되었다고 생각하면, 다행이라고 생각합니다. 가사 상태에서 저런 무서운 꼴을 당했으니까, 정말로 죽었더라면 어떤 꼴을 당했을런지 모르니까요."

"스가누마씨 조금 전에 질문하신, 사후의 세계는 모두 무서운, 괴로운 곳이냐는 것입니다만, 그런 무서운, 괴로운 꼴을 당하는 것은 자살한 영 뿐입니다. 자살령(自殺靈)은 정화(淨化)되지 않습니다. 그러니까 괴로운 꼴을 당하는 겁니다. 다시 말해서 스스로 목숨을 끊었을 때 그 영은 영원히 무섭고, 괴로운 꼴을 계속 당하지 않으면 안되는 겁니다."

"이승에도 지옥은 있지만, 저승의 지옥은 더 무섭다……. 저는 이제 다시는 저승의 지옥에는 가고 싶지 않습니다."

스가누마씨는 지금 다시 한 번 인생을 다시 살려고 재기(再起)를 위한 치료에 전념하고 있다.

2. 그 무서움을 생각하면 어떤 일에도 견딜 수 있다

애인의 변신과 어머니의 죽음으로 마음이 허전해져서

"지금 생각하면, 어째서 그런 짓을 하지 않으면 안되었는지 모르겠습니다……"

맛 있는 듯이 커피잔을 살며시 놓으며, 도꾜 세다가야(世田谷)에 사는 우에스지 후미꼬(上條富美子)양은 내뱉듯이 말하고 필자를 보았다.

우에스지양은 현재 아오야마(靑山)에 있는 어느 브티그에서 일하고 있으나 1984년 6월 27일에 개스 자살을 기도했던 것이다.

"몸은 이제 괜찮습니까?"

"예, 거의요…… 하지만 이따금 원인을 알 수 없는 두통으로 자리에 눕는 일이 있지만 괜찮아요."

"그것도 역시 후유증이겠지요."

"그렇다고 생각합니다. 그런 일을 저질렀으니까요. 후유증이 있어도 당연하다고 생각합니다……"

"새삼스럽게, 싫겠지만, 자살을 생각한 원인을 들려 줄 수 없겠습니까?"

"그러지요…… 도움이 될 수 있을지 어떨지 모르겠습니다만, 모두 말씀 해 드리겠습니다……"
 우에스지양은 어깨로 크게 숨을 쉬고, 사람의 왕래가 잦은 길거리로 시선을 돌리면서, 다음과 같이 말하기 시작했다.
 우에스지양이 자살을 생각하게 된 원인은 두 가지가 있었다.
 그 당시 우에스지양은 어느 외자(外資)계통 회사에 근무하고 있었다. 헌데 같은 직장에 근무하는 나이가 꽤 많은 애인이 있었다. 그도 독신이었으므로, 주위 사람들은 모두 두 사람이 결혼하는 걸로 알고 있었다.
 헌데, 자살을 꾀하기 석달 전의 일이었다. 믿고 있던 그에게 애인이 있다는 것을 알게 되었다.
 '앗!'
 우에스지양은 온 몸의 피가 한꺼번에 빠져나가는 듯한 기분이었다. 그의 맨션을 찾아가 보니, 그는 다른 여성과 같이 있었던 것이다.
 자존심이 강한 우에스지양이 받은 마음의 고통은 이루 말할 수 없었다. 그는 우에스지양에게 여러모로 변명을 하였으나, 우에스지양으로서는 도저히 용서할 수 없었다.
 "두번 다시 만나지 않겠어요!"
 우에스지양은 단호하게 말하고, 그 당시는 그럴 셈이었다.
 그로부터 한달 동안, 회사에서는 그와 얼굴을 마주치지 않으면 안되었으나, 두 사람만 만나는 일은 없었다.
 하지만 시간이 흐름에 따라, 우에스지양의 마음은 그에게서 떠나기는 커녕, 그에 대한 생각이 더해가기만 하는 것이었다. 그래서 '만나고 싶다'는 뜻을 그에게 전했으나, 일을 핑게삼아 만나주려고 하지 않았다.
 몇번인가 맨션으로 찾아갔으나, 또 혹시나…… 하는 불안감이 앞서서 챠인벨을 누르는 일도, 가지고 있는 열쇠로 문을 열 수도 없었다. 전화를 걸어도, 그는 거의 부재중(不在中)이었다. 간혹 수화기를 드는 일이 있어도, 상대가 우에스지양이라는 걸 알면 말없이 끊고 말았다.

냉정한 대우를 받으면 받을수록 불타오르는 게 여자의 마음이란 말인가! 우에스지양의 그를 향한 생각은 더욱 더 간절해지기만 했다.

우에스지양이 그같은 불안한 기분으로 있을 때, 아끼다(秋田)의 시골에 있는 어머니가 갑자기 세상을 떠났다. 도꾜의 그에게 마음을 남긴 채, 장례식때문에 시골로 돌아가 장례의 뒷처리에 시간이 걸려 도꾜로 돌아온 것은 2주일 뒤였다.

어머니의 갑작스러운 사망은 우에스지양의 마음에 큰 상처를 남겼다.

"만나 주세요……"

엘리베이터에 같이 있게 된 그에게 우에스지양은 부탁하듯이 말했다.

"이제 와서 만나봤자 무슨 소용이 있나?"

그의 대답은 쌀쌀했다.

"만나요, 부탁이예요!"

그의 뒷 모습에 매달리듯이 말했으나 그는 대답을 하지 않았다.

우에스지양은 그날 밤 그의 맨션으로 갔다. 없는 것 같았다. 하는 수 없이 문 근처에서 그가 돌아오기를 기다렸다. 큰 절을 하고 빌어서라도 그와의 사이를 되찾고 싶었다.

새벽 1시 가까이 되어, 그는 집으로 돌아왔으나 여성과 함께였다. 그 여성은 전에 만난 여성과는 다른 사람이었다.

우에스지양은 눈 앞이 깜깜해지고, 온몸의 피가 거꾸로 흐르는 듯한 느낌이었다. 용기를 내어 그의 앞에 달려나가려고도 생각했으나, 발이 땅에 붙어서 움직일 수 없었다.

무심결에 내뱉은 말로 죽음을 결심

어디를 어떻게 하여 집으로 돌아왔는지 전혀 생각나지 않았으나, 정신을 차리고 보니 자기 방에 멍청히 서있는 것이었다.

전화가 눈에 띄자, 저도 모르게 울화가 치밀어서, 우에스지양은 정신없이 그의 방 전화번호를 돌리고 있었다.

벨 울리는 소리가 나는 데도 그는 좀처럼 전화를 받지 않는다. 10분 가까이 지나서 겨우 그가 전화를 받았다.

"나 죽습니다!"

무심 결에 입에서 나온 말이었다.

"이봐, 잠깐만!"

우에스지양은 그의 목소리를 들으면서 전화를 끊고 말았다.

"그래…… 죽자……"

우에스지양은 생각지도 않던 말이 입에서 나왔고, 그 내뱉은 말로 죽음을, 자살을 생각하게 되었던 것이다.

찌릉 찌릉 찌릉!

30분쯤 지나서 전화 벨이 울렸다. 그에게서 온 것으로 생각되었으나, 수화기를 들지 않았다. 계속 울리는 전화를 물끄러미 바라다보면서, 어떤 방법으로 죽을까 하고 생각하고 있었다.

"이상하던 데요. 죽으려고 생각한 순간, 그의 일도, 어머니의 일도 머리 속에서 사라지고 말았습니다. 오직 어떻게 해서 죽으면 좋을까 하고, 죽는 방법만을 생각하고 있었습니다."

그래도, 혹시나 그가 온다면…… 하고 생각하고, 밖에 나가, 죽는 방법을 생각하면서 어슬렁 어슬렁 걸어다녔다.

자살…… 어떤 방법이 있을까…… 목을 매기, 뛰어 내리기, 뛰어 들기, 물에 빠지기, 손목을 자르기, 개스, 음독…… 우에스지양의 머리 속에 자살하는 방법이 차례로 떠오르고 있다.

만약 죽음에 실패한다면…… 주위 사람에게 폐를 끼친다면…… 그런 용기가 생길까…… 죽음을 결심하고 그 방법을 생각하고 있는 마당에, 결행할 때의 두려운 생각도 떠오른다.

그날 밤 우에스지양은 아침녘 까지 길거리를 헤매고 다녔고, 생각이 정리되지 않은채 집으로 돌아왔다.

다음 날, 우에스지양은 회사에 휴가원(休暇願)을 내고, 불쑥 여행을 떠났다. 자살할 장소를 찾는 여행이었다. 주간지나 텔리비젼에서 알고 있는 자살의 명소라고 하는 곳을 차례로 돌았다.

하지만 머릿속에는 죽음이라는 것 밖에 없는데, 어쩐지 어느 곳이나 '여기선 죽고싶지 않아'하는 생각 밖에 떠오르지 않고, 결국 죽을 장소를 찾아내지 못한 채, 맨션으로 돌아오고 말았다.

"나란 인간은 죽을 용기도 없는 걸까……"

우에스지양은 스스로가 비참하게 생각되었다.

멍청히 있으려니까, 갑자기 전화 벨이 울리고, 우에스지양은 반사적으로 수화기를 들고 말았다.

"이것 봐, 우에스지인가!"

그의 목소리였다. 우에스지양은 반사적으로 다시 수화기를 놓았다. 한마디도 말을 하지 않았다.
"그렇다. 수면제를 먹고 개스를 틀고 죽자……"
전화를 끊은 순간, 우에스지양은 지금까지의 망설임이 싹 사라진듯, 그렇게 결심을 했다.

이것으로 난 죽을 수 있어

"깨끗이 해두어야지……"
우선 신변을 정리하기 시작했다. 살아온 30년 동안에 고인 추억어린 물건이 가득 있었다.
"아, 이런 때도……, 그런 일도……"
정리를 하고 있으려니까, 지난 옛일이 여러 모로 생각나는 것이었다. 부모의 반대를 무릅쓰고 도꾜에 나왔을 때의 사진과 도꾜에서 처음으로 산 기념 스카프를 보았을 때 그만 가슴이 뭉클하여 눈물이 흘렀다.
소지품을 정리하는데, 식사도 거른채 꼬박 하룻밤 하루낮이 걸렸다. 겨우 방 청소를 끝내자, 비로소 공복감을 느끼고, 냉장고 안에 있던 남은 걸로 음식을 만들어 먹었다.
이제 그 시점에서는, 우에스지양의 머리 속에는 아무 생각도 떠오르지 않았다. 죽는다는 것도, 앞으로 자기가 어떻게 해서 죽으려고 하고 있다는 것도 생각하고 있지 않았다. 오로지 무심(無心)이었다.
욕탕에 들어가 몸을 정성껏 씻었다. 젊고 싱싱한 하얀 살갗을 무심히 씻어 내렸다. 욕실에서 나와, 가운을 입고 마지막 준비를 했다. 접착 테잎으로 방안의 틈바구니를 막았다. 조용한 방안에 접착 테잎을 푸는 소리만이 유난히 크게 울렸다.
 틈을 막는 일을 끝내자, 새 속옷을 입고, 옷이 흐트러지지 않도록 바지를 입고, 블라우스를 입었다.
 수면제를 먹고, 테잎 레코더로 음악을 틀어 놓고, 개스의 원선을 몽땅 열었다. 슈-하는 개스 흐르는 소리를 음악이 지워주었다. 끈으로 두 발을 침대 다리에 묶었다.
 "이것으로 나는 죽을 수 있다……"
 우에스지양은 그 때 비로소 자기의 죽음을 실감했다.
 이윽고, 의식이 몽롱해졌다. 몸이 무겁게 느껴지고, 몸 전체가 뭔가에 의해 갇혀지는 듯한 느낌이었다.

46시간의 사후세계 체험

 "으으윽……"
 우에스지양은 병원 침대 위에서 의식을 되찾았다.
 46시간 뒤의 일이었다.
 희미하게 눈을 뜬 것은 불과 몇초 동안의 일이고, 곧 다시 깊은 잠에 빠져 들어갔다.
 처음에 실눈을 떴을 때는, 자기가 죽지 않고 살아난 일은 모르고, 다시 40시간 남짓 잠을 자고 있었다.
 "알겠소?"
 의사의 말에, 몽롱해진 의식이 조금 뚜렷해 온다. 부옇게 보이던 의사의 모습도 차츰 잘 보이기 시작했다.
 "저, 저……?"
 "그래요, 살아났어요. 발견하는 게, 몇분만 늦었어도 살아나지 못했을 거요. 살려준 동료에게 감사해야 해."
 의사는 그렇게 말했으나, 그 말은 우에스지양의 귀에는 들어오지 않았다. 우에스지양의 머릿속은 살아난게 후회스러운 생각으로 꽉찼다.
"왜 살려 줬느냔 말야, 왜 죽게 내버려두지 않은 거야!"
우에스지양은 마음 속에서 큰 소리로 외치고 있었다. 살려준 사람에게 감사하기는 커녕 증오심조차 느꼈다.
주제 넘은 짓을 했다는 노여움이 걷잡을 수 없었다.
"선생님, 저 죽고 싶습니다. 살아나고 싶지 않아요. 죽게 해주세요."
우에스지양이 의사에게 말했다.
"바보같은 소리 하는 게 아냐! 죽어서 뭣에 쓰게!"
"뭣이건 좋아요. 전 죽고 싶어요."
우에스지양은 의사의 치료를 계속 거절했다.
"죽게 해주세요!"
"못 알아 듣는군! 좋아, 자넨 적어도 46시간 동안은 죽어 있었어, 하지만 살아났지. 자네 같은 상태에선, 살아난게 기적이야. 무슨 말인고 하니, 자네는 아직 저승이란 곳에 갈 수 없는 거야. 잘 생각해 봐. 의식이 뚜렷해지기 까지의 사이에, 자넨 뭔가를 본게 아닌가?"
의사는 우에스지양을 꾸짖듯이, 또한 달래듯이 말했다.
우에스지양은 생각했다. 기억속에 한가지 일이 되살아났다.
우에스지양은 마른 풀을 태우는 들판의 모닥불 속에 서 있었다. 그 불은 빨갛게 불타고 우에스지양을 향해, 마치 뱀이 기어오듯 덤벼 들었다.
불에서 도망치고 있는 사이에 우에스지양의 몸은 불 속에 있는 큰 구멍속으로 떨어졌다. 구멍 속에서도 불이 타고 있었다.

우에스지양의 몸은 천천히 구멍 속으로 떨어져 갔다. 온 몸을 태울 것 같은 열기와 숨이 막힐 것 같은 고통으로 몸부림을 쳤다. 공중에 떠있는 것 같이 된 몸을 어떻게 하려고, 손 발을 열심히 허우적거렸다..
 갑자기 우에스지양의 몸이 급강하(急降下)하기 시작하고, 눈 앞에 타고 있는 불바다가 다가왔다.
 "아아! 죽는구나!"
 우에스지양은 소리쳤다. 몸은 불바다에 떨어졌다. 그 순간 우에스지양은 살아난 것이다.

자살미수여서 다행이야, 만약 정말로 죽었다면……

 "그것이 흔히들 말하는 사후의 세계였던 모양이죠……, 너무 너무 무서웠어요. 그런 무서운 생각, 도저히 이승에서는 맛볼수 없다고 생각합니다."
 우에스지양은 몸을 떨면서 그렇게 말하고, 차거워진 커피를 단숨에 마셨다.
 "그렇게 사후의 세계가 무서웠습니까?"
 필자는 뻔히 아는 일을 다짐을 하듯 물었다.
 "예, 그건 체험한 사람이 아니면 알 수 없겠지만, 무섭다는 말로 표현되는 게 아니예요. 불타고 있는 불 속에 몸이 떠있어서, 마치 전자렌지 속에서 타고 있는 듯한 느낌인 걸요…… 타 죽을 뻔 했습니다. 이렇게 말해도, 저는 죽어 있어서, 이상한 표현이겠지만, 두번 죽는 듯한 생각이었습니다……. 말로만 듣던 사후의 세계와는 전혀 달랐습니다. 꽃밭도, 시냇물도 아무것도 없었습니다."
 "어째서 그런 무시무시한 사후의 세계에 갔다는 걸 알게

됐습니까?"

"아녜요, 모릅니다. 하지만 틀림없이 제 업(業)이 깊었던 탓인가 하고, 지금은 생각하고 있습니다."

"마지막으로 더 한가지 물어보겠습니다. 지금 생각해서, 당신의 자살이 미수(未遂)로 끝난 일과, 목숨을 구해준 사람이 있었다는 점을 어떻게 생각합니까?"

"그 일을 저는 늘 생각하고 있습니다. 저의 경우, 자살을 하지 않으면 안될만한 이유는 없었거든요. 다만 그에게 죽는다고 한 말이 계기가 되어, 그 뒤로는 오로지 죽으려고만 생각하고, 그 일만을 생각하고 있었습니다. 그러니까, 지금에 와서는 미수로 끝난 걸 다행이라고 생각하고 있습니다. 목숨을 구해준 사람에게도 감사하고 있고, 저의 제2의 인생의 은인이라고 생각하고 있습니다.

저 사후의 세계의·무서움, 괴로움을 생각하면, 살아 있을 때의 고생 따윈 뻔한 게 아니겠습니까? 지금 이렇게 일을 하고 있어도, 매우 괴로운 일이 많지만, 하지만 그 불로 공격 당하는 고통을 생각하면, 무슨 일이건 참을 수 있습니다.

저는 앞으로의 인생에서 아무리 힘든 일이 있어도 죽는, 다시 말해서 자살하는 일은 없을 것입니다."

우에스지양은 생긋 웃고 필자를 보았으나, 그녀의 눈에는 밝은 생기(生氣)가 넘쳐 흐르고 있었다.

3. 사후세계의 괴로운 경지를 체험하다

데릴 사위만이 겪는 괴로운 나날

"남자로서 연약했었다고 생각됩니다. 저에게 그 때처럼 사나이다운 억센면이 있었던들 자살 같은 것 하지 않아도 좋았을 것을요…… 죽음을 선택하다니, 역시 정신력이 약하기 때문이었겠지요."

마쓰야마(松山)시에 사는 오오구시겐조오(大串憲造·41세)씨는 과거를 되돌아 보고, 후회되듯이 말해 주었다.

겐조오씨는 가가와껭(香川縣)의 시골에서 농가의 여섯째 아들로 태어났다. 아들 여섯이 모두 연년생이었던 까닭과 아버지가 병약(病弱)했던 탓으로 집안 살림은 몹시 가난했었다.

겐조오씨는 중학교를 졸업하자, 아는 이의 주선으로 다까마쓰(高松)시의 오오구시(大串) 집에 양자로 가게 되었다. 오오구시 집은 해산물 도매상을 하고 있었다. 오오구시 집에는 신체 장애자인 외동 딸이 있어서 장차 그 딸과 결혼하기로 되어 있었다.

겐조오씨는 가게를 도우면서 고교를 졸업했다. 이윽고 25세가 되자, 딸과 결혼했다. 겐조오씨가 딸과 같이 살게 된 2

년 뒤, 장인이 갑자기 사망했다. 그로부터 겐조오씨의 고생이 시작된 것이다.

"팔푼이! 병신!"

기회있을 때마다 장모와 아내는 겐조오씨를 욕했다. 양자의 괴로운 점이다. 겐조오씨는 꾹 참았다. 그리고 힘 자라는 데까지 일을 했다. 하지만 아무리 일을 해도 장모와 아내는 그것을 잘 알지 못했다.

"그래서야, 장차 오오구시 집안을 지켜 갈 수 있다고 생각하나?"

특히 장모의 말은 심했다. 그도 그럴 것이 30명 가까운 종업원을 다루는 실권을 장모가 쥐고 있었던 것이다. 겐조오씨에게는 아무런 권리도 없고, 여느 종업원과 똑같이 일을 하고 있었다.

"손자 얼굴이 보고 싶구나, 네게는 씨도 없냐?"

장모는 겐조오씨를 책망했다. 하지만 아이가 생기지 않는 데에는 까닭이 있었던 것이다. 아내가 자신의 장래를 염려하여, 만약 태어나는 아이가 자기와 같은 장애자이면 비극이라면서 임신을 거부하고 있었던 것이다.

하지만 왠지 아내는 그 일을 어머니에게 말하기를 싫어했다. 그런 탓으로 그 책임은 몽땅 겐조오씨가 받지 않으면 안되었다.

"아내가 거부하고 있기 때문예요."

겐조오씨는 몇번인가 그 말이 목구멍까지 나왔으나, 그때마다 참았다.

장모와 아내에게 멸시를 당하고도……

"이런 것도 모르나! 병신은 별 수 없단 말야."
 언젠가 겐조오씨의 잘못으로 입하(入荷)된 물건이 모자랐을 때, 장모는 종업원들 앞인 데도 불구하고 겐조오씨에게 욕을 했다. 분명히 그 일은 겐조오씨의 주의 부족에서 생긴 잘못이었으므로 겐조오씨는 사과를 했다.
 "당신이 아무리 사과를 해봤자, 손해난 건 못찾잖아요."
 아내 조차도 옆에서 겐조오씨를 비난했다. 겐조오씨는 자기의 실수로 생긴 일이었으므로 꾹 참고 있었다. 상식으로 생각한다면 이 집의 사위니까 젊은 사장님 대우를 받아 마땅한 터였었다. 그럼에도 불구하고 장모와 아내가 한통속이 되어 겐조오씨를 바보 취급하고, 기회있을 때마다 욕하고 멸시했다.
 "이거면 괜찮겠지요?"
 겐조오씨는 거래하는 데 있어서는 장모의 허가를 받고, 자세한 내용을 설명하고 동의를 얻고 있었다. 헌데 중개업자의 착오로 그 거래가 성립이 안되고 선전비(宣傳費)니 전시회에 쓴 수백만엔이 헛 수고가 되고 말았다.
 "자네가 나쁜 거야, 난 아무것도 모른다. 나의 동의도 없이 그런 큰 일을 저지르고, 게다가 손해가 막심하지 않나. 자넨 모자라도 한참 모자라. 아무 짝에도 못 쓰는 병신이야. 이 책임 뭘로 지려나."
 강모는 일체 모른다는 식으로 책임을 몽땅 겐조오씨에게 뒤집어 씌웠다.
 "하지만 이 건(件)은, 분명히 말씀 드렸고 허가를 받고 진행시킨 겁니다."
 "허가만 받으면 실패해도, 손해를 입어도 상관이 없다는 겐가?"

"그, 그런 건 아닙니다만······."
"자네가 무능하니까 이런 일이 생긴거야!"
"당신이 멍청하니까 그렇죠. 어머니께 책임을 돌리다니 비겁하게스리!"
모녀는 사정없이 겐조오씨를 책망했다.
"쌍!"
겐조오씨는 기분 전환을 하려고 한잔 하러 나갔다.
"내가 그렇게 무능한가? 병신 팔푼이냔 말이야!"
겐조오씨는 술에 취해 평상시의 울분을 토하고, 만취가 된 끝에 동정을 한 호스테스와 하룻밤을 함께 지내고 말았다.
"어디서 무슨 짓을 했는지, 똑똑히 말해!"
다음 날 아침 풀이 죽어 돌아 온 겐조오씨는 곧 장모와 아내 앞에 불려갔다.
"죄송합니다. 그만 정신없이 취해버려서······."
겐조오씨는 장모와 아내에게 무릎 꿇고 사과를 했다.
"용서 못해, 오입질하고 아침에 돌아오다니, 용서할 수 없어!"
장모는 서슬이 퍼래서 소리쳤다.
"더러워요! 나가요! 내 옆에 가까이 오지 마!"
아내는 옆에 있던 물건을 닥치는대로 내던졌다. 꽃병이 겐조오씨의 얼굴에 맞아서 피가 흘렀다. 그런데도 겐조오씨는 꾹 참고 있었다.
"어떻게 된 거야, 당신 그러고서도 사내야? 여자인 우리에게 그런 꼴을 당하고도 아무렇지도 않은 거야? 아무짓도 못하는 거야? 말댓구도 못하는 거야? 이 병신아!"
장모와 아내는 겐조오씨를 실컨 욕했으나 겐조오씨는 아무 말도 하지 않았다. 설령 무슨 말을 해도 통할리 없고, 말하면 더 심한 욕을 들을 게 뻔했기 때문이었다.

나도 죽을 용기쯤은 있다

그로 부터 한 달 남짓 지난 어느 날의 일이었다.
"이리 와 봐!"
겐조오씨는 화가 머리 끝까지 나서 눈을 곤두세운 장모에게 불려 갔다.
"자네, 우리 집을 망쳐 먹을 셈인가?"
"당, 당치 않습니다. 저는……"
"이걸 봐! 부도 어음이야! 어떻게 이런 걸 받아 왔느냔 말야! 이렇게 엄청난 금액을…… 가게가 망하고 마는 거야!"
"저, 그 어음은 제가 받아 온 게 아닙니다만……"
"뭣이 어쩌고 어째, 거짓말 말아! 자네가 받아 왔잖아!"
"아, 아닙니다. 그, 그것은……"
"그럼, 누가 받았다는 거야!"
겐조오씨는 말을 더듬었다. 그 어음을 받은 것은 장모였었다. 누명을 쓰고 있는 것이다.
"사내답게 받은 걸 인정하지 그래요, 칠칠치 못하게, 사내답지도 못하단 말야!"
아내가 옆에서 말을 거들었다.
"허지만 난……"
"뭐가 허지만이야. 사내면 사내답게 인정하는 게 어때요? 그것도 못하는 거죠? 당신은 죽는 일도 하지 못한 거야. 혼자 못 죽으면 거들어 줄까? 발 정도는 잡아당겨도 되는데, 그렇지 엄마?"
"글쎄, 지저분하겠지만 그간의 정리를 봐서라도 말이다."

겐조오씨는 분하고 억울했다. 요즈음 세상에 이런 심한 모녀가 있나 하고 생각했다. 겐조오씨는 양자로서 키워 주고 고등학교까지 졸업시켜 준 죽은 장인의 은혜에 보답하기 위해 오늘날까지 꾹 참아온 것이었다.

하지만, 제아무리 착한 겐조오씨도 '죽지도 못하는' 하는 말을 듣곤 마침내 화가 머리 끝까지 올라, 장모와 아내를 노려보고는 뒷뜰에 있는 창고 안으로 들어갔다.

"오냐 죽어 주마! 죽고 말리라!"

겐조오씨는 창고 속에서 울분에 찬 눈물을 꾹 참았다. 겐조오씨는 이 분하고 억울한 심정을 어머니와 형제에게 써 남기려고 생각하고, 쓸 것을 찾는 사이에 상자 안에 권총이 있는 것을 발견했다.

"그렇다, 이것으로 죽어 준다……"

겐조오씨는 권총을 앞에 놓고 유서를 썼다. 어머니와 형제에게 보내는 두 통의 유서다. 어머니에게 보내는 유서 속에는 이번의 부도난 어음 사건에 대해서도 자세히 썼다.

권총을 살펴 봤다. 탄환이 세알 있었다. 작고한 장인의 것이었으리라.

"세발이 있으니까, 아내와 장모를 죽이고, 남은 한발로 자살하는 게 좋을런지……"

그렇게 생각은 했으나, 살인을 저질러서야 어머니와 형제가 장차 입장이 곤란해지게 마련이다. 역시 자기만 죽어야지 하고 결심하고, 총구를 관자놀이에 대어 봤다.

"틀림없이 죽을 수 있을까……"

그런 불안감이 스쳤다. 몰골 사나운 죽음이나 죽음에 실패하는 일은 하고 싶지 않았다.

"제기랄, 사람을 뭘로 알고, 나도 사내다!"

겐조오씨는 큰 소리로 외치고 심장을 향해 방아쇠를 당겼다.
1984년 6월 20일의 일이다.

독은 무쇠 계곡에 쳐진 가는 밧줄을 타고

넓으나 넓은 곳에 서 있었다. 하늘도 땅도 새빨갛게 불타고 있는 듯한 곳이었다. 눈이 부셔서 눈도 뜨고 있을 수 없을 만큼 빨간 빛이었다.

많은 사람들이 있으나, 모두 인형처럼 꼼짝도 하지 않고 서 있을 따름이었다. 걸어가서 말을 걸어 보았으나, 왠지 목소리가 나오지 않았다. 상대방도 목소리가 나오지 않는듯, 무표정하게 바라다 볼 따름이다.

다리가 무거웠다. 두 발에 뭔가 채워져 있는 것 같이 무거웠다. 하지만 뭔가에 재촉을 받는 것처럼 걸었다.

눈 앞에 한줄기 밧줄로 된 다리가 걸려 있다. 그 밧줄은 실처럼 가늘게 보였다. 다리 아래에는 녹아내린 무쇠같은 것이 크게 소용돌이를 치며 흐르고 있었다.

행렬을 짓고 다리를 건너게 되는 것이었다. 모두 공포에 떨어 멈춰서고, 건너기를 머뭇거리고 있다. 하지만 보이지 않는 무엇인가에 떠밀리듯이 밧줄로 된 다리에 발을 걸쳤다. 마치 써커스의 줄타기와 같다. 붙잡을 곳이 없는 밧줄로 된 다리를 몸 전체로 균형을 잡으며 건너지 않으면 안된다.

다리 저쪽에는 파릇파릇한 아름다운 곳 같았다. 건너기 시작은 했으나 거의 다 비명과 함께 떨어져 소용돌이 속으로 사라져 갔다. 그중에는 밧줄에 다리를 걸치기만 한채로 스스로 소용돌이 속으로 뛰어드는 이도 있었다.

드디어 자신의 차례가 되었다. 도저히 건널 자신 같은 건 없었다. 하지만 될대로 되라는 식으로 밧줄 위를 뛰듯이 달려 보았다. 이상하게도 무사히 건널 수 있었다.

마음을 푹 놓고 있으려니까 뭔가 억센 힘에 의하여 몸이 내동댕이쳐졌다. 몸은 공처럼 멈추는 일이 없이 굴러 갔다. 이윽고 무언가에 부딪쳐서 멈추었다. 부딪친 것은 큰 불상(佛像)의 발이었다. 이름을 부르는 소리가 들려서 제 정신으로 돌아왔다.

살아날 수 있어서 정말 다행이었다

"이제 안심해도 좋와요, 목숨을 건졌습니다."
병원의 침대 위였다.
"의사 선생님은 정말 기적적이라고 말씀 하셨습니다. 기적적으로 탄환(彈丸)이 급소를 피했다고 합니다. 저는 의사 선생님의 목소리를 듣고 살아있는 자신을 보았을 때 '아! 다행이다' 하고 생각했습니다.

저는 될대로 되라는 식으로 발작적으로 자살을 꾀했으니까, 그렇게 깊이 생각에 생각을 거듭하여 죽음을 선택한 게 아니어서 그렇게 생각한 거겠지요. 정말 살아서 다행이었다고 생각하고 있습니다.

죽은 셈치고 열심히 노력하고 있으니까 아무것도 고생이라고 생각하지 않습니다. 남자에게는 역시 남자다운 강함이 필요합니다. 자신을 비하(卑下)하거나, 외소해지는 주위 사람들도 견뎌내지 못하죠. 저는 자살미수 사건으로 정말 다시 태어날 수 있었습니다."

지금 겐조오씨는 오오구시 집과는 인연을 끊고, 마쓰야마

시내에서 제 2의 인생을 걷고 있다.

4. 자살에 실패한 이야기가 도움이 된다면……

고3때 열살 위의 사내와 가출

"자살에 실패한 사람의 이야기라는 게 창피하기 이를데 없는 것으로 아무 도움도 되지 않는다고 생각하고 저는 나가오까(中岡) 선생님의 취재를 완강히 거절해 왔습니다. 하지만, 요즈음 신문을 보고 있으려니까, 매일 같이 자살 사건이 보도되고 있는 게 눈에 띄어, 혹시나 저 같은 사람의 체험이라도, 도움이 될지도 모른다는 생각을 하게 되었습니다. 그래서, 제가 자살을 기도했던 경위를 이야기 하기로 했습니다."

지바껭(千葉縣) 가모가와(鴨川)시에 살고 있는 나가노 스미꼬(馬野證子·27세)양은 다음과 같이 말해 주었다.

스미꼬양은 구라시끼(倉敷)시의 상인(商人)의 집에서 태어났다. 딸 셋 중의 가운데로 가장 명랑한 성격의 소유자였다.

학교 성적도 좋고, 아무것도 부족함이 없이 자랐으나, 부모의 너무 엄격한 교육에 때로는 반발을 일으키는 일이 있었다.

공부를 좋아하는 스미꼬양은 대학 진학을 희망하고 있었으나 아버지는,

"여자는 전문대 정도면 충분하다. 어설피 머리가 좋아지면, 남자를 깔보게 되고 제대로 결혼을 할 수 없게 된다."
 이렇게 말하며 반대를 했다.
 그녀는 특히 아버지의 생각에 거역할 마음은 없었다. 현재 언니는 아버지의 생각을 쫓아 행복한 결혼 생활을 하고 있었다.
 그런데, 사람의 일생이란 어디서 어떻게 바뀌는지 알 수 없다. 고교 3학년이 되고 얼마 안되어 그녀는 아주 우연히 알게 된 기타리스트에게 열중하고 말았다.
 학교에도 거의 가지 않고, 그의 아파트에 눌러앉아 있었던 것이다. 남자는 스미꼬양 보다 열살 이상이나 연상이고 게다가 바람둥이였다.
 스미꼬양은 남자에게 빠진 나머지 아무것도 눈에 보이는 것이 없었고, 누가 말하는 것도 귀에 들어오지 않게 되었다.
 "안된다. 하여튼 학교만은 졸업을 해야지……"
 걱정을 한 언니가 동생의 생각을 돌리며 했으나, 그녀의 머리 속에는 그에 대한 생각 밖에 없었다.
 "결혼하겠습니다."
 "이 못난아!"
 스미꼬양은 그와의 결혼을 아버지에게 말했으나, 물론 아버지는 절대 반대했다.
 "무슨 일이 있어도 그이와 결혼하고 싶습니다."
 "부모 말 안들으려거든 이 집에서 나가!"
 아버지는 어머니나 언니가 중간에서 아무리 이야기를 해도 허락하려고 하지 않았다. 물론 어머니나 언니도 그녀의 결혼에는 찬성할 수 없었으나, 집에서 내쫓기는 일만은 피하게 해주지 않으면 안된다고 생각했다.

"나가겠습니다. 부녀간의 인연을 끊어도 상관 없습니다."
스미꼬양은 학교를 자퇴하고, 그와 함께 오오사까로 나갔다. 동서(同棲)생활을 시작한 것이다. 하지만 달콤한 생활은 불과 얼마 계속되지 않았다. 그가 일을 하려고 하지 않았기 때문이다.

무위도식하는 그 때문에 18세에 호스테스로……

"돈 좀 어떻게 만들어 봐!"
그는 아침부터 술을 마시며, 집에서 빈둥거리고 있었다. 지금까지 아무것도 부족함이 없이 생활해온 그녀가 돈을 만드는 법을 알리가 없다.
"어떻게 하면 되는 거예요?"
"바보야, 돈 만드는 법도 몰라?"
그는 스미꼬양이 가지고 온 옷이니 악세서리를 들고 나갔다.
"……"
스미꼬양은 그가 너무나 변한 것에 그만 아연실색하고 말았다.
"자, 돈은 이렇게 만들면 되는 거야."
그는 스미꼬양의 소지품을 팔아서 얻은 1만엔(円) 남짓한 돈을 보여주면서 말했다.
"우는 게 어딨어, 이렇게라도 하지 않으면, 우린 살아 갈수 없는 거다."
그는 어쩌다 일을 나가도, 그날 번 돈은 몽땅 술 마시는데 써버리고 빈 손으로 왔다.
"방세를 독촉하던데……"

"변통해서 지불해! 그런 건 여자가 하는 일이야, 일일이 내게 말하지 마!"

스미꼬양은 이제 입은 단벌 옷뿐이었다. 반년쯤 사이에, 가지고 있던 것은 몽땅 팔아버리고만 것이었다.

"친정에 가서 돈 가져 와!"

"……"

가출을 한 주제에 곤란하다고 하여 돈을 달라고 집으로 돌아갈 수는 없었다.

"언니 부탁이야……"

스미꼬양은 생각다 못해 언니에게 전화를 했다.

"못된 남자구나. 스미꼬야 돌아와라. 아버지껜 내가 사과 드릴테니……"

언니는 그와 헤어져서 집으로 돌아 올 것을 권했으나, 스미꼬양은 그럴 생각이 들지 않았다.

"전부 내보이면 안된다."

그래도 언니는 5만엔 을 마련해 주었다.

스미꼬양은 언니의 말대로 돈을 감추고 있었다. 그는 일도 하지않고 술만 마시고 있었다.

"일하지 않으면 돈이 없어요!"

"시끄러! 네가 일해!"

"무슨 일을 해요?"

"호스테스건 뭐건 하면 되잖아!"

"호스테스를……"

그 당시 아직 열여덟이었던 스미꼬양에게는 굉장한 충격이었다. 하지만 마침내 끼니를 이어갈 수 없게 되었으므로, 결심을 하지 않을 수 없었다.

"손님에게 이상한 눈길을 주거나 하면 가만두지 않는다!"

그는 질투심이 대단히 강했다. 스미꼬양이 밤 근무를 나갈 때, 반드시 그렇게 말하는 것이었다. 더욱이 가게에 있는 동안에도, 반드시 두 세번은 전화를 걸어서 스미꼬양의 동정을 살피는 것이었다.
"어디서 놀다 왔어! 어떤 놈하고 놀아났어!"
가게 형편으로 스미꼬양의 귀가시간이 30분이라도 늦어지는 날에는 난리가 났다. 그는 그녀를 닦달하는 것이었다.
그녀가 호스테스의 일을 한지 3개월 남짓 지났을 무렵, 무슨 생각에서인지, 그도 일을 시작한다고 하며 밖에 나가게 되었다. 하지만 그녀의 동정을 전화로 살펴 꼼짝 못하게 하고, 자기는 매일 같이 아침이 되어서야 엉망으로 취해서 돌아왔다. 때로는 여자가 바래다 주는 일도 있었다.
"이봐, 자고 가! 셋이서 자자."
같이 온 여자를 방으로 들어오게 하는 일도 있어서 스미꼬양을 아연실색하게 했다.
"어젯밤 어디 갔었어?"
그가 집에 돌아오지 않는 날이 가끔 있었다.
"친구 집에서 술좀 마셨다. 뭐 할 말 있냐?"
그는 큰 소리로 노발대발 했다. 어린 스미꼬양도 그것이 거짓말이라는 건 알고 있었으나, 그 이상 아무 말도 할 수 없었다.

두 사람의 사랑의 맺음……

"저 애가 생긴 것 같은데……"
스미꼬양은 임신한 것을 그에게 말했다.
"뭐, 애가…… 누구 새끼야?"

"뭐라고요? 무슨 말을 그렇게 해요. 당신 애지 누구애라니?"
　스미꼬양은 사내의 말에 기가 막혀 속이 뒤집히면서 처음으로 목소리를 거칠게 내며 화를 냈다.
"유산시켜, 유산시키면 돼!"
　사내는 그 말만 하고는 밖으로 나가, 그날은 돌아오지 않았다.
"유산 시켰어?"
　대낮이 되어 돌아온 사내는 스미꼬양을 노려보듯이 하고 말했다.
"아직……"
"빨리 갔다 와. 이른 시간에 가면 밤에는 일하러 갈 수 있다."
"뭐라고요? 쉬지않아도 괜찮아요?"
"물론이지. 호스테스가 유산시킬 때마다 가게를 쉬면 어떻게 되냐?"
　스미꼬양은 울고싶은 심정으로 산부인과 병원을 찾아가 중절(中絶)수술을 받았다. 몹시 허망하고 외로운 기분으로 일터로 갔다.
"병원에 갔었구나?"
　선배 호스테스가 스미꼬양을 위로해 주었으나, 기분이 언짢아 그날 밤은 거의 일을 할 수 없었다.
"네 몸은 네 것이니까 소중히 다루지 않으면 안된다. 사내 말만 듣고 있다간 그야말로 큰일난다."
　선배 호스테스는 친절히 대해주었다.

첫번째 자살 미수

중절 수술을 받은 뒤 부터 스미꼬양의 몸의 상태가 나빠지기 시작했다. 열이 있는 것 같이 몸이 무겁고 노곤한 날이 계속되었다.
"미안해, 몸이 좋지 않아요."
그가 요구했을 때, 스미꼬양은 처음으로 거절을 했다.
"쳇 맘대로 해 봐!"
그는 화가 나서 나간채 사흘 동안 돌아오지 않았다. 나흘째 밤, 그것도 새벽녘에 술에 취해 여자의 배웅을 받으며 돌아왔다.
"재미 없으면 와요. 기다리고 있을 테니까"
문 밖에서 여자 목소리가 똑똑히 들렸다. 스미꼬양은 분함을 참지 못해 뛰어나갈까 생각했으나 꾹 참았다.
"어디 여자야?"
그녀는 감정을 누르고 물었다.
"시끄러워! 어디 여자건 상관할 거 없잖아. 그것보다 너, 나 없는 동안 다른 놈을 끌어들였지?"
"뭐라고? 무슨 말을 그따위로 해, 난 그런 짓 안해!"
스미꼬양은 화가 머리끝까지 났다. 사내의 너무나 제멋대로의 말투에 화가 나서 견딜 수 없었다.
"뻔뻔스럽게, 자기는 다른 계집한테 갔었잖아!"
지지않고 해댔다. 스미꼬양이 그와 동서생활을 시작한 뒤로 처음 해보는 반항이었다.
"뭐야!"
사내의 손이 사정없이 그녀의 얼굴을 때렸다.
"무슨 짓이야! 나를 속이고!"
그녀는 사내를 물어뜯으려고 덤볐다.

"죽어주마! 당신 같은 거 보기도 싫어!"
　스미꼬양은 그렇게 소리친 순간, 베란다에서 몸을 날렸다. 다행히 건물이 높지 않았으므로 생명에는 지장이 없었으나, 이틀 낮 이틀 밤 동안 의식이 몽롱한 상태로 있었다. 그는 당황하여 그녀의 부모에게 전화를 걸었고, 깜짝 놀란 부모와 자매가 달려 왔다.
　"이봐! 두번 다시 내 딸에게 가까이 가면, 가만 두지 않겠다!"
　스미꼬양의 아버지는 노발대발하며 사내를 꾸짖고, 스미꼬양을 강제로 데리고 돌아왔다.
　약 반달 동안 스미꼬양은 구라시끼 시내의 병원에 입원하여 치료를 받았다.

재출발을 했다고 생각했는데……

　"스미꼬, 돌아와 줘, 제발 부탁이니 돌아와 줘."
　그녀가 병원에서 아파트로 전화를 걸자, 그는 그렇게 애원을 했다. 그의 목소리를 듣고 있는 동안에 그녀의 마음이 움직였다. 이윽고 부모에게 사과하는 편지를 남기고, 그의 곁으로 돌아간 것이다.
　"하마마쓰(浜松)로 가자. 옛날의 밴드 동료에게 일자리와 거처할 곳을 부탁해 놓았어."
　그날 안으로 오오사까를 떠나, 두 사람은 하마마쓰에서의 생활이 시작되었다. 그도 일을 하러 가고, 그녀도 호스테스로서 일을 했다.
　하지만 그의 생활태도는 조금도 달라지지 않았다. 자기의 수입은 몽땅 술 마시는데 썼고, 생활은 모두 그녀의 벌이로

충당하고 있었다.
 어려운 생활인데도 그의 노는 버릇은 좀처럼 없어지지 않았다. 그에게 다른 여자가 있는 것을 스미꼬양은 알고 있었으나, 말하지 않기로 했다. 따져 보았자, 그만 둘만한 사나이도 아니다.
 하마마쓰로 와서 2년째, 그녀는 조심을 하고 있었으나 임신이 되고만 것이다.
 "유산 시켜, 유산 시켜."
 사내는 앞서와 꼭 같은 말을 했다.
 "여보, 아기를 원치 않아요?"
 "바보야, 지금 우리 처지에 애를 키울수 있단 말이냐? 게다가 우린 아직 정식 부부가 아니다!"
 "……"
 스미꼬양은 할 말이 없었다. 분명히 두 사람은 아직 혼인 신고도 하지 않았다.
 "그럼, 혼인 신고를 합시다. 그리고 아기를 낳아 기릅시다."
 "안돼, 둘이 사는 데도 힘 들어, 애는 필요없어!"
 스미꼬양은 마지못해 두번째의 중절 수술을 받았다.
 그의 생활 태도는 조금도 달라지지 않았다. 마시고, 노름하고, 계집질하기를 되풀이 하며 일은 한달에 두 세번 갈뿐 생활은 전적으로 스미꼬양이 책임지게 되었다. 그래도 그녀는 꾹 참고 있었다.
 하지만 하마마쓰에 와서 3년째 가을, 그에게서 바람 피운 상대방 여자의 중절 수술비용을 내라는 말을 듣자, 스미꼬양의 인내심에도 한계가 왔다.
 "말도 안되는 소리 말아!"

술을 마신 탓도 있고 해서, 그녀는 전에 없이 단호한 말투로 그를 책망했다.
"뚜쟁이 주제에 뭐라고? 끼고 잔 계집의 뒷처리도 못해?"
"뭐라고 이년이!"
두 사람은 심하게 싸우고, 그녀는 그날 밤 가출하여 역 근처의 비즈니스 호텔에 몸을 숨겼다.
하지만 사흘째 되던 날 들키고 말았다.
"도꾜로 가자!"
두 사람은 시브야의 아파트에 살고, 새 생활을 시작하기는 했으나, 그가 제대로 일한 것은 두달 쯤이었다. 곧 다시 예전 같이 술을 마시고는 방에서 딩굴딩굴하는 생활로 돌아왔고, 마시고, 노름하고, 계집질하는 노는 버릇은 좀처럼 나아지지 않았다. 그러면서도, 그녀에 대한 질투심은 유달리 강해 귀가 시간이 조금이라도 늦으면 눈에 쌍심지를 돋우며 따졌다.

그에게서 도망치려면 죽는 수 밖에 없다

1982년의 크리스마스 이브, 마침내 파국(破局)이 오고야 말았다.
그날, 스미꼬양은 건강이 좋지 않은 데다 샴페인과 위스키, 그리고 정종을 섞어서 마셔버리고, 가게에서 쓰러지고 말았다. 그런 까닭에 종업원의 부축을 받아 아파트로 돌아온 것은 새벽 3시가 넘어서였다. 방으로 들어간 그녀는, 순간 취기가 싹 사라지고 말았다. 그도 그럴 것이 그가 여자를 방으로 끌어들였던 것이다. 너무나 놀란 나머지 그녀는 망연히 서있을 따름이었다.
"데려다 줘!"

몸단장을 마친 여자가 그렇게 말하자, 그는 스미꼬양의 시선을 피하듯 나가고 말았다.
"헤어지자."
그가 나가는 뒷 모습을 보고 그녀는 겨우 마음을 정했다.
스미꼬양은 어떻게 하여 그곳으로 온 것인지 자신도 알 수 없었으나, 아무 생각없이 전차를 타고, 도꾜역에 와 있었다. 이윽고, 아무 까닭도 없이 가모가와(鴨川)행 전차에 올라탔다.
차창에 시선을 던지고 있어도, 스미꼬양의 머리 속은 텅 비어 있었다. 아무것도 생각하고 있지 않았다.
가모가와에 도착하자 스미꼬양은 꿈 속을 걷고 있는 것처럼 여관으로 들어갔다. 여관방 창문에서 바다를 바라다보고 있는 사이에, 그때까지의 일이 주마등 같이 나타났다가는 사라지곤 했다.
"죽는 편이 낫다……"
그녀는 죽음이라는 것을 진심으로 생각했다.
"그는 틀림없이 찾으러 올게 뻔하다. 게다가 아무리 심한 보복을 당해도 자신의 여성의 부분이 그를 원하고 말지도 모른다. 부모에게도 돌아갈 수 없다…… 그에게 발각 당하면 다시 고생 길로 돌아가지 않으면 안된다. 그렇다면 차라리 죽고 마는 편이……"
"아, 이것으로 후련해진다. 나라는 인간은 어찌 이리 바보스러운 여자였던고……"
달빛에 반짝반짝 빛나는 바다를 향해 스미꼬양은 벼랑 위에서 몸을 날렸다.

얼핏 본 사후의 세계

그곳은 번들번들, 눈이 부실 정도로 빛나고 있는 거리였다. 눈이 멀것만 같았다. 사방에 무엇이 있는지 전혀 보이지 않았으나, 뭔가 썩은듯한 냄새가 났다.
"앗"
느닷없이 뭔가에 힘껏 등이 떠밀려 앞으로 고꾸라지듯 쓰러졌다. 얼굴과 손에 바늘같은 것이 꽂힌다. 하지만 이상하게도 얼굴에서도 손에서도 피 한방울 나오지 않는다.
사방이 온통 바늘 동산이었다. 자세히 보니, 주위에 많은 사람이 바늘에 찔려 꼼짝을 못하고 있다. 어느 얼굴이건 고통으로 일그러져 있고, 눈만이 요상하게 빛나고 있다.
앞으로 고꾸라졌던 몸이 무엇인가에 의해 움직여져서 위를 보게 젖혀지는가 싶더니, 가슴을 덮을 듯한 큰 발이 힘껏 짓밟았다. 목에, 등에, 궁둥이에 두 발에 바늘이 푹푹 찌른다. 큰 발에 힘껏 짓밟힌 순간 온 몸의 뼈가 뚝뚝 부러지는 소리가 났다.
바늘이 가득 꽂힌 채인 몸으로 걸어가고 있다. 풀섶같은 속을, 물 속을, 또한 자갈이 대글대글 구르고 있는 사이를 걸어가고 있다. 고통스러워서 걸음을 멈추려고 하면, 등을 세게 얻어 맞았다. 숨이 막힐 지경이고 목이 말랐으나, 계속 걸어가야 했다.
이윽고 등을 떠다 밀려서 돌 투성이의 언덕길로 굴러 떨어졌다. 그곳에는 사람의 백골(白骨)이 온통 사방에 딩굴고 있다. 그것은 살아 있는 것처럼 입을 움직이고 있었다.
언덕길을 굴러 떨어져서 벼랑 가에서 멎었다. 하마트면 또 다시 떨어질뻔한 곳이었다. 보니 아래쪽에 날카로운 이빨이 있는 큰 입이 딱 벌리고 있었다. 떨어지면 그 입 속에 들어가

삼켜지고 만다. 떨어지지 않으려고 필사적으로 벼랑을 부등 켜안고 있었다. 헌데 위에서 백골이 굴러 떨어져서 몸에 와 닿았다.
"아악!"
마침내 벼랑에서 떨어져내렸다. 금방이라도 큰 입에 당장 먹힐 것만 같았다.

두번 다시 자살 같은 것 하지 않아요

"정신이 든 것 같군요……"
스미꼬양은 병실 침대에 누워 있었다.
"저…… 제가……"
"바다에 뛰어 든 모양이었는데 어부가 구해 주었습니다."
의사는 친절하게 치료해 주었다.
"살려주는 걸 원치 않았는데……"
스미꼬양은 자신의 기분을 솔직히게 말했다.
"어떤 이유에서 자살을 기도했는지 모르나, 생명을 소홀히 해서는 안되는 거요. 살아 있어서 비로소 인간의 가치가 있는 것이니까.
죽는 것 보다는 사는 것이 중요한 거요, 죽어 보았자 편할 것 없어요."
의사의 그 말에 스미꼬양은 조금 전까지 보아 왔던 사후의 세계의 모습을 생각해 냈다. 그것은 무시무시하고 고통스러운 것이었다.
"의사 선생님께서 하신 말씀으로 제자신이 저지른 일이 얼마나 무의미한 것이며, 잘못된 것인가를 알게 되었습니다. 지금 의사 선생님께서 주선해 주셔서 일하고 있습니다만, 아무리 고통스러워도 저 바늘산의 고통보다야 낫고, 살아갈 수 있습니다. 두번 다시 자살 같은 것 하지 않습니다."
 그렇게 말하는 스미꼬양의 눈은 환히 빛나고 있었다. 그녀는 아직 젊으니까, 앞으로의 행복을 빌어주고 싶을 따름이다.

세계적인 심령연구가들이 공개하는 영혼과 4차원 세계의 비밀!

> 나의 전생은 누구인가?
> 사후에는 무엇으로 환생할 것인가?
> 저승세계는 과연 어디쯤에 있을까?
> 죽음은 끝이 아니라 저승에서의 시작인가?
> 이 끝없는 의문에 대한 명쾌한
> 답이 이 책속에 있다.

지자경 / 차길진 / 안동민 저

전9권

업1권 전생인연의 비밀
업2권 사후세계의 비밀
업3권 심령치료의 기적
업4권 내가 본 저승세계
업5권 영계에서 온 편지
업6권 영혼의 목소리
업7권 전생이야기
업8권 빙의령이야기
업9권 살아있는 조상령들

★ 전국 유명서점 공급중

세계적인 초능력·영능력자들이 집필한 초·영능력개발 비법!

초능력과 영능력개발법

전3권

모토야마 히로시/와타나베/루스베르티/ 저

초능력과 영능력은
특별한 사람에게만 주어지는것은 아니다.
영능력의 존재를 알고 익히면
당신도 초능력자가 될 수 있다.

영혼과 전생이야기

전3권

안동민 / 편저

인간은 죽으면 어떻게 되는가?
전생을 볼 수 있는 원리는 무엇인가?
당신의 전생은 누구인가?
사후에는 무엇으로 환생할 것인가?

★ 전국 유명서점 공급중

역자 약력

서울에서 출생하여 서울대 문리대 국문과 졸업.
1951년 경향신문 신춘문예에 「聖火」가 당선되어 문단에 데뷔
그 후 일본에 진출하여 「심령치료」「심령진단」「심령문답」 등을
저술하여 일본의 심령과학 전문 출판사인 대륙서방에서
간행하여 큰 호응을 얻었으며, 다년간 심령학을 연구함.
그 후「업」「업장소멸」, 「영혼과 전생이야기」「인과응보」
「초능력과 영능력개발법」「사후의 세계」「심령의 세계」 등
심령과학시리즈 20여종 저술(서음미디어 간행)

중판발행 : 2017년 1월 15일

발행처 : 서음미디어
등   록 : No 7—0851호
서울시 동대문구 난계로28길 69-4
Tel (02) 2253—5292
Fax (02) 2253—5295

저자 | 나까오까 도시야
역자 | 안 동 민
기획/편집 | 이 광 희
발행인 | 이 관 희
본문편집 | 은종기획
표지 일러스트
Juya printing & Design

ISBN 978-89-91896-57-4

*이 책은 저작권법에 의해 보호를 받는 저작물이므로 무단 전제나 복제를 금합니다.